Muvva Venkata Ramudu
Koyya Chennaiah

Adaptações fisiológicas e bioquímicas em peixes de água doce C.Punctatus

Muvva Venkata Ramudu
Koyya Chennaiah

Adaptações fisiológicas e bioquímicas em peixes de água doce C.Punctatus

Durante a toxicidade subletal da deltametrina em Channa punctatus (bloch) em relação ao sexo

ScienciaScripts

Imprint
Any brand names and product names mentioned in this book are subject to trademark, brand or patent protection and are trademarks or registered trademarks of their respective holders. The use of brand names, product names, common names, trade names, product descriptions etc. even without a particular marking in this work is in no way to be construed to mean that such names may be regarded as unrestricted in respect of trademark and brand protection legislation and could thus be used by anyone.

Cover image: www.ingimage.com

This book is a translation from the original published under ISBN 978-620-2-01423-6.

Publisher:
Sciencia Scripts
is a trademark of
Dodo Books Indian Ocean Ltd. and OmniScriptum S.R.L publishing group

120 High Road, East Finchley, London, N2 9ED, United Kingdom
Str. Armeneasca 28/1, office 1, Chisinau MD-2012, Republic of Moldova, Europe
Printed at: see last page
ISBN: 978-620-7-68441-0

ÍNDICE

AGRADECIMENTOS

P. Indira, do Departamento de Zoologia, por ter sugerido esta tarefa, pela sua orientação inestimável e pelo seu constante encorajamento ao longo de todo o processo de realização deste trabalho. É um privilégio fazer investigação sob a sua orientação competente.

Md. Basha Mohideen (Rtd.), Ex.Pro Vice-Reitor da Universidade de S.K., pelas suas sugestões lógicas e pelo seu esforço na realização desta tarefa.

G.H. Philip (Presidente do BOS, Departamento de Zoologia) e ao Prof. K. Radhakrishnaiah (Diretor, Faculdade de Ciências da Vida).

Estou muito grato aos meus pais Yellappa e Sunkulamma; às minhas irmãs Nagaveni e Mahalaxmi. Beijos carinhosos para a minha filha Likhitha Sree.

Devo palavras especiais aos meus tios, tias e irmãos.

Expresso a minha profunda gratidão ao Dr. M. Nagabhushan Reddy, Assistente de Ensino, Departamento de Zoologia, Universidade de S.K. e a Sreekanth B.Tech., M.S., (EUA) pela sua constante ajuda e encorajamento ao longo da minha investigação.

Expresso a minha sincera gratidão aos meus amigos Dr. A. Sreenivasa Reddy, Dr. M. Venkata Reddy, Dr. M. Jagadish Naik, Dr. K. Chennaiah, S.Gopal, Gangi Reddy, Venkata Chandrudu, Jabeer, Praveen, Chakri, Nari, Mohan, Murthy, Venkata Ramana Reddy, Somalinga Reddy e Ravi.

Agradeço ao Sr. M. Jayachandrudu e ao Sr. T. Sathish Kumar pela sua ajuda em todos os aspectos deste trabalho.

M. Venkata Ramudu...

Prefácio

Tanto nos países desenvolvidos como nos países em desenvolvimento, a má qualidade da água devido à poluição é atualmente um problema candente. A utilização cosmopolita de pesticidas em operações agrícolas e de saúde pública durante as últimas décadas contribuiu substancialmente para o controlo de doenças transmitidas por vectores, para além de aumentar o abastecimento alimentar do homem. No entanto, a utilização indiscriminada e injustificada de pesticidas resultou indubitavelmente na sua acumulação e deterioração nos meios abiótico e biótico, acabando por provocar efeitos perniciosos e deletérios na população animal não visada, especialmente na ictiofauna do habitat aquático (Edwards, 1977; Bashamohideen, 1984).

Os insecticidas como os piretróides são os análogos sintéticos das piretrinas naturais das flores das espécies de *crisântemos*. A deltametrina, um composto do tipo II dos piretróides, é altamente tóxica para os peixes e tem baixa toxicidade para os mamíferos e as aves. Os peixes são sensíveis aos poluentes, mas ao mesmo tempo capazes de se adaptarem ao stress da poluição. Além disso, com base na nutrição humana, os peixes comerciais são extensiva e intensivamente utilizados na alimentação humana como fonte mais barata mas mais rica de proteínas animais.

Foi feito um grande trabalho e existem dados volumosos sobre os efeitos letais dos pesticidas nos peixes (Brungs *et al.*, 1976; Spehar, 1979; Tripathi, 1992). No entanto, os estudos sobre os efeitos subletais dos pesticidas, que envolvem experiências de curso temporal que indicam a sequência de acontecimentos em vários sistemas fisiológicos e bioquímicos com sinais de recuperação e adaptação ao stress tóxico, ainda não foram estabelecidos (Bashamohideen, 1984; Bashamohideen e Sailabala, 1992).

Atualmente, a avaliação do impacto ambiental surgiu como um novo instrumento do processo científico através do qual são identificadas e avaliadas as propriedades tóxicas das substâncias venenosas. Neste contexto, a ocorrência de pesticidas nos tecidos dos peixes constitui a principal fonte de risco ambiental potencial para o homem e foi observada por Abdul Wahab e Dessouki (1998).

Os antecedentes científicos acima mencionados levaram à realização desta investigação sobre a natureza dos aspectos fisiológicos e bioquímicos num peixe importante para a alimentação, *Channa punctatus,* sujeito a uma exposição subletal de um piretróide sintético, a deltametrina. Devido a limitações de tempo e outras facilidades, a continuação desta atividade de investigação sobre os mecanismos de desintoxicação durante o processo de adaptação sob stress tóxico foi planeada para investigações futuras.

I. INTRODUÇÃO GERAL

Atualmente, quase todos os aspectos da vida apresentam riscos para a saúde. O ar que respiramos, os alimentos que comemos, a água que bebemos, os medicamentos que utilizamos e os locais onde gostamos e trabalhamos podem estar contaminados por essas substâncias tóxicas. Os resíduos de alguns pesticidas de longa duração, que podem acumular-se na cadeia alimentar e causar uma contaminação generalizada do ambiente, podem criar potenciais riscos futuros para a saúde humana e para a vida selvagem.

Os pesticidas, os "super químicos" utilizados para controlar as pragas em casa e na agricultura, ocupam um lugar de destaque nas actividades quotidianas da nossa sociedade tecnologicamente avançada. Os pesticidas são substâncias químicas utilizadas para matar ou controlar as pragas. O termo "pesticida" inclui uma grande variedade de compostos de natureza química e atividade biológica diversas. Agrupados, são utilizados para destruir os parasitas. Nos termos da Lei Federal de Controlo de Pesticidas Ambientais dos EUA, o termo pesticida foi definido como qualquer substância ou mistura de substâncias destinadas a prevenir, destruir, repelir ou mitigar qualquer praga (Gupta e Satankhe, 1985).

Como os pesticidas são agora um modo de vida e são ingredientes essenciais nas nossas vidas abastadas, torna-se necessário que todas as pessoas instruídas, todos os cidadãos conscientes saibam alguma coisa sobre estes valiosos produtos químicos, embora praticamente toda a gente pareça saber alguma coisa sobre pesticidas. Esta familiaridade é geralmente fragmentária e, por isso, a compreensão é frequentemente insuficiente, adequada, e muitas vezes os conceitos estão errados.

A fim de satisfazer a procura mundial de uma maior produção alimentar, foi utilizada uma multiplicidade de fertilizantes e pesticidas em quantidades cada vez maiores. O consumo de pesticidas na Índia aumentou de 434 milhões de toneladas em 1954 para 80 000 milhões de toneladas em 1993-94 (Mathur, 1995). A utilização excessiva destas substâncias acarreta graves riscos para as plantas, os animais e os seres humanos. A eficácia destes pesticidas no controlo das pragas regrediu, nomeadamente devido à sua aplicação indiscriminada, inadvertida e imprudente, que resulta no desaparecimento das pragas visadas, no ressurgimento de pragas e na toxicidade para organismos não visados.

A poluição química de diferentes ecossistemas é um problema importante e grave e o impacto da poluição química é mais pronunciado nos organismos não visados do ecossistema de água doce, levando à rutura da equivalência ecológica.

A contaminação do ambiente por pesticidas tem sido objeto de preocupação pública nos últimos 25 anos. Os vestígios de pesticidas organoclorados (OC) podem ser encontrados em quase todos os componentes dos nossos ecossistemas. A poluição por pesticidas pode ser definida como a alteração de um ou mais componentes dos ecossistemas por pesticidas e seus produtos de degradação. A utilização indiscriminada e generalizada destes produtos químicos para diversos fins provocou danos ambientais irreparáveis e uma crise ecológica, ao mesmo tempo que representa um perigo potencial para a saúde dos animais vivos, da vida selvagem e mesmo da população humana (Matsumura, 1975).

As práticas agrícolas modernas, embora tenham contribuído para aumentar a produção agrícola, também poluíram amplamente o ambiente aquático e conduziram a problemas como a resistência a pragas, custos de cultivo mais elevados e desequilíbrio ecológico (Pandey *et al.*, 2000).

Os pesticidas são responsáveis pela poluição da água, do ar e do solo e pela morte de peixes e de outros animais selvagens (Faust, 1964; Faust e Aly, 1974). Os poluentes, quando descarregados em massas de água naturais, causaram a morte maciça de peixes (Fullner e Weissner, 1976) e envenenaram a fauna e a flora aquáticas quando chegaram ao oceano (Faust, 1964; West, 1964). Os organismos não-alvo têm sido os mais vulneráveis ao envenenamento por pesticidas, com efeitos deletérios que vão desde a morte total até perturbações fisiológicas subtis (Matsumura *et al.*, 1972). Por vezes, verificou-se que concentrações muito baixas de pesticidas são tóxicas para os organismos não visados (Kilkis *et al.*, 1981).

A água é "o líquido da vida", uma vez que não existe vida sem água. A água pura é um fluido animador, enquanto a água poluída é uma verdadeira maldição para os seres vivos (Tripathi e Pandey, 1990). A água é considerada poluída quando a sua composição é alterada e não é adequada para uso doméstico. Isto inclui alterações nas propriedades físicas, químicas e biológicas da água. A má qualidade da água devido à poluição é atualmente um problema premente tanto para os países desenvolvidos como para os países em desenvolvimento (Chung e Chen, 1978; Dakshni e Sen, 1979; Kinako, 1979; Pande e Das, 1980).

O aumento da poluição dos rios e de outras massas de água tornou-se uma questão de grande preocupação nos últimos anos (Dikshith *et al.*, 1990). Muitos rios na Índia tornaram-se gravemente poluídos devido a descargas de resíduos industriais não tratados (Saxena *et al.*, 1966) e a descargas de esgotos (Srivastava e Kaushik, 1966). O efeito da poluição química está a aumentar nos organismos não visados de água doce e marinha, causando desequilíbrios. As marés negras são perigosas porque são constituídas por hidrocarbonetos não biodegradáveis, que podem danificar os ovos e as larvas de peixes e crustáceos.

Atualmente, um dos problemas mais importantes relacionados com a utilização de pesticidas na maioria dos países em desenvolvimento é a incidência de intoxicação, morte e problemas com resíduos, resultantes principalmente da utilização indevida de certos pesticidas. Os resíduos de pesticidas nos alimentos, nos produtos agrícolas em bruto, em relação às pessoas e aos componentes do ambiente ainda não foram objeto de um estudo aprofundado na maioria dos países em desenvolvimento, uma vez que ainda não estão disponíveis as instalações necessárias nem o pessoal formado.

Sabe-se que o problema da poluição química ocorre de várias formas, isto é, resíduos químicos orgânicos e inorgânicos (Mc Kee e Wolf, 1963; Michael, 1991), refinarias de petróleo (Dorris *et al.*, 1964), resíduos radioactivos (Klement e Wallen, 1960) e pesticidas (Hiltibran, 1974). O ambiente aquático torna-se o sumidouro final de todos os poluentes (Nicholson 1967; Kerr e Vas, 1973). Qualquer composto que tenha sido utilizado em grandes quantidades acaba por atingir o ecossistema aquático (Zitko *et al.*, 1975). Os maiores depósitos ou sumidouros de produtos químicos no ambiente aquático ocorrem nos sedimentos (Ahsanullah *et al.*, 1984; Adams *et al.*, 1992). Um dos maiores riscos para o ambiente aquático é a contaminação dos sedimentos, considerada por muitas agências reguladoras (Burton, 1992).

Todos os grandes rios indianos estão gravemente poluídos por efluentes industriais e descargas de esgotos (Mitra, 1982; Konar *et al.*, 1991). O rio sagrado Ganga, símbolo da cultura espiritual e histórica da Índia, foi transformado num esgoto a céu aberto e a sua água foi considerada imprópria para beber e tomar banho. A água do Ganges está poluída para além do nível tolerável em Kanpur, recebendo resíduos industriais de curtumes, fábricas têxteis e indústrias químicas (Chakrabarthy *et al.*, 1965). A maior parte das lagoas, tanques, reservatórios e lagos também estão sujeitos a poluição. Os lagos Dal e Nagin, em Caxemira, estão gravemente poluídos por esgotos (Konar *et al.*, 1991).

A recente guerra do Golfo causou efeitos aniquiladores da vida na Terra. Foi totalmente destrutiva para a flora e a fauna deste planeta. O petróleo bruto que flutua nas costas da Arábia Saudita devido à maré negra ocupou uma área de 700 km. Pode espalhar-se por outras zonas costeiras e causar estragos nos organismos aquáticos. O efeito desta poluição em grande escala pode ser muito mais devastador e intenso do que os incidentes de Bhopal, na Índia, de Chernobyl, na URSS, e de Hiroshima, no Japão.

É digno de nota mencionar a mortandade maciça de peixes no porto de Sanding, EUA, em 1962, onde uma estimativa de 37.000.000 de peixes foram mortos pela poluição, produzindo uma jangada de peixes mortos com 1000 pés de comprimento, 10 pés de largura e 3 pés de profundidade (Southwick, 1976). Em 1967, estimava-se que cerca de 13% das mortes de peixes em Inglaterra e nas Baleias eram atribuídas a pesticidas (Holden, 1972). Um inquérito rápido efectuado pelo centro central de extensão das pescas, em Hyderabad, Andhra Pradesh, revelou a mortalidade de uma grande variedade de peixes em 1973 devido aos pesticidas (Hingorani *et al.*, 1973).

Um estudo de campo da Organização Mundial de Saúde revela que, em média, uma pessoa é envenenada por minuto por pesticidas no mundo em desenvolvimento. No domínio da agricultura, os pesticidas revelaram-se contraproducentes e, no domínio da saúde pública, estão a perder rapidamente a sua eficácia.

Do total de 2 milhões de toneladas de pesticidas produzidos, 50-60% são herbicidas, 20-30% são insecticidas e 10-20% são fungicidas (Joshi, 1992). Para travar a grande perda de cereais devido a pragas, estão a ser utilizadas enormes quantidades de pesticidas (CFTRI, 1980). Os países industrializados utilizam até 80% dos produtos agroquímicos do mundo e estima-se que sofram 1% ou menos de todas as mortes devidas a envenenamento agudo por pesticidas (Jayaratnam, 1985). Existem cerca de 45.000 pesticidas registados no mercado e a produção anual de pesticidas na Índia é de cerca de 77.840 toneladas (Berry *et al.*, 1974).

Qualquer alteração na composição química da água em seu ambiente natural geralmente induz mudanças nos aspectos comportamentais e fisiológicos dos habitantes, especialmente os peixes (Edwards, 1973). Mesmo a utilização das dosagens recomendadas também tem causado perturbações ambientais. A aplicação de Durban em lagos, nas doses recomendadas para o controlo de mosquitos, resultou na mortalidade em massa de peixes de guelras azuis, robalos, patinhos e outros invertebrados (Hurlbert *et al.*, 1970; Macek *et al.*, 1972).

Entre os efeitos mais dramáticos da poluição da água contam-se muitas mortes de peixes que são comunicadas todos os anos à Agência de Proteção do Ambiente (Southwick, 1976). A população de focas na parte de Duch do mar de Wadden tem continuado a diminuir, principalmente devido à poluição da água (Boon e Rajender, 1987).

O escoamento superficial dos campos agrícolas e dos terrenos de pastagem tem sido a principal fonte de contaminação da água (Li, 1977). A pulverização aérea, para além do escoamento superficial, também constitui uma fonte de contaminação da água (Peterle e Gillette, 1970). Os resíduos industriais constituem talvez a segunda fonte mais significativa de pesticidas na água. O primeiro estudo de caso documentado na Índia de envenenamento humano por pesticidas foi a morte de 150 pessoas em Kerala devido ao consumo de trigo misturado com malatião (The Hindu, 1985). Outro caso é o síndroma de Handigodu, em Karnataka (NIN, 1977), em que a degeneração óssea no homem se deveu ao consumo de peixe e caranguejo provenientes de arrozais pulverizados com pesticidas.

[th]O pior impacto da poluição atmosférica no passado recente foi a perda de mais de 3000 pessoas na tragédia do gás de Bhopal (MIC), em 4 de dezembro de 1984, devido a uma fuga na fábrica de pesticidas. Reddy (1985) referiu que nas cidades gémeas de Hyderabad e Secunderabad, muitas mulheres sofreram abortos e as crianças apresentaram danos cromossómicos devido a resíduos de pesticidas nas uvas. O incidente de envenenamento por mercúrio foi registado na Baía de Minimata, no Japão. A doença de Minimata é uma doença do sistema nervoso do homem devida ao consumo de peixe e marisco em que o metil mercúrio se acumulava a 10mg/kg (OMS, 1972). Os danos causados pela utilização incorrecta de pesticidas são descritos por Rachel Garson na sua obra "primavera Silenciosa". É referido o declínio da população de águias de cauda branca na Suécia, pelo qual os pesticidas são também responsáveis. Do mesmo modo, os pinguins e as gaivotas são envenenados na Antárctida e muitos tigres também estão a ser mortos na Índia. Estima-se que, anualmente, ocorram cerca de 5 milhões de acidentes devido aos pesticidas e que se registem 10 000 mortes (Joshi, 1992).

Para erradicar as pragas, são aplicados pesticidas, dos quais apenas 1% atinge as pragas-alvo, enquanto os restantes se dispersam no ambiente, contaminando o solo, a água e o biota (Matsumura, 1972; Jackson, 1983; pimental e Levitan, 1986). Os pesticidas mais frequentemente envolvidos são os insecticidas organoclorados, DDT, Endrin, Heptacloro, Aldrin, Dialdrin, Clordano, Toxafone e BHC. O habitat aquático torna-se o reservatório final dos resíduos de pesticidas persistentes (Edwards, 1973a; Kerr e Vas, 1973). O ambiente aquático é o último sumidouro de todas as substâncias químicas antropogénicas. Qualquer composto que tenha sido utilizado em grandes quantidades acaba por chegar ao ecossistema aquático (Zitko, 1975). A dimensão e a natureza da massa de água e a extensão da diluição possível influenciam o nível de acumulação de resíduos pelos organismos.

Não é surpreendente constatar que o corpo de um indiano médio apresenta os níveis de DDT mais elevados do mundo, variando entre 12,8 e 3,1 ppm (Ravishankar e Thimmaiah, 1995). A percentagem de resíduos de pesticidas no leite das mães dos distritos de Guntur e Krishna, em Andhra Pradesh, é a segunda mais elevada do mundo, a seguir apenas à da Guatemala (Rao, 1995). O DDT e outros hidrocarbonetos clorados não são biodegradáveis e a sua amplificação biológica continua a aumentar nos sucessivos níveis tróficos (Subramanyam e Sambamurthy, 2000).

Foram encontrados resíduos de pesticidas em peixes de diferentes partes do globo. A quantidade mais elevada de DDT (1,3mg/kg) foi registada em peixes de alfinetes e corvinas do Atlântico no estuário perto de Pensacola (Hansen e Wilson, 1970), o que acabou por levar à proibição do DDT pela Agência de Proteção Ambiental (EPA) nos EUA (Anon, 1972). De igual modo, a presença de resíduos de pesticidas organoclorados nos músculos dos peixes foi registada por Jabber *et al.* (2001). Sreenivasa Rao e Ramamohan Rao (2001) registaram a presença de hidrocarbonetos aromáticos policíclicos em tecidos de peixes do lago Kolleru, Andhra Pradesh.

A reprodução dos peixes é afetada pela exposição direta ou indireta à poluição aquática (Kime, 1995; Jyothi e Narayan, 1999; Pandey, 2000). Ajit Kumar *et al.* (2002) referiram que o mercúrio e o metilparatião prejudicam a reprodução dos peixes. Os compostos organoclorados, nomeadamente o DDE e os bifenilos policlorados, têm sido associados a deficiências reprodutivas nas aves (Risebrough, 1986). Além disso, os resíduos de organoclorados também foram muito encontrados em ovos de aves aquáticas (Ayas *et al.,* 1997). O HCB, um pesticida e subproduto industrial, foi detectado em muitas populações de aves selvagens (Noble e Elliott, 1990; Jarman *et al.,* 1993). Além disso, Anupama Kumari *et al.* (2002) registaram a presença de resíduos de organoclorados, sendo a concentração mais elevada de DDT seguida de HCH no golfinho *Platonist gangetica* do rio Ganga. Estudos recentes indicaram que os produtos químicos amplamente utilizados com propriedades desreguladoras do sistema endócrino (EDC) causam disfunções dos caracteres sexuais e perturbam as funções reprodutivas dos animais (Fry, 1995; Harris *et al.,* 1997; de Solla *et al.,* 1998). Os operadores de controlo de pragas devem utilizar os pesticidas da forma mais segura e judiciosa possível, de modo a minimizar os riscos para a saúde e a poluição ambiental.

Apesar da investigação intensiva durante mais de três décadas, não existe uma alternativa viável aos pesticidas químicos na proteção das culturas e da saúde pública. Em alternativa, o desenvolvimento de novos pesticidas que sejam eficazes e aceitáveis do ponto de vista ambiental está a atrair a atenção. A literatura acima referida mostra claramente que os pesticidas pertencentes a diferentes grupos são tóxicos para diferentes organismos não visados. Assim, em vez destes pesticidas organoclorados e OP mais tóxicos, foram introduzidos piretróides menos tóxicos que, desde então, são amplamente utilizados para o controlo de diferentes pragas agrícolas e domésticas.

História e desenvolvimento dos piretróides

[th]No início do século XVIII, as tribos caucasianas utilizavam flores de piretro para controlar os piolhos do corpo. O piretro representa as flores secas de *Chrysanthemum cineraraefolium,* um membro das Asteraceae. O pó tem sido utilizado como inseticida desde a antiguidade porque é tradicionalmente considerado como tendo algumas das qualidades dos agentes de controlo de pragas ideais, uma vez que são insecticidas potentes e inofensivos para os mamíferos em circunstâncias normais. Diz-se que o local de origem das flores de piretro foi o Médio Oriente e o Próximo Oriente. [th]No século XIX, foi introduzido na Europa em 1828, nos Estados Unidos em 1876 e depois no Japão, em África e na América do Sul. [th]No início do século XX, a Dalmácia (Jugoslávia) e o Japão tornaram-se os principais países produtores e, em 1941, o Japão era o maior produtor. No entanto, após a Segunda Guerra Mundial, a produção de piretro diminuiu drasticamente e, atualmente, o Quénia ocupa o primeiro lugar, seguido da Tanzânia, do Uganda, do Congo, do Equador e do Japão.

A descoberta do piretro como inseticida, a sua produção e a história da sua utilização são discutidas exaustivamente por Gnadinger (1945) e Shepard (1951). Os princípios insecticidas são designados por "piretrinas" e há muito que são considerados inofensivos para as plantas e os mamíferos, embora muito tóxicos para os insectos. O efeito paralisante invulgarmente rápido "Knock down" nos insectos voadores levou à procura atual da sua utilização em pulverizações domésticas de insecticidas.

Com base na composição química, os insecticidas são classificados em quatro categorias principais (Hodger, 1973), nomeadamente 1. Organocloretos 2. Organofosfatos 3. Carbamatos e 4. Piretróides sintéticos.

Piretróides sintéticos

Os insecticidas, como os piretróides, são análogos sintéticos das piretrinas naturais provenientes das flores das espécies de crisântemos. Estes são considerados insecticidas eficazes devido à sua elevada toxicidade inseticida com baixa toxicidade para os mamíferos (Elliot *et al.,* 1974). A toxicidade destes compostos foi aumentada com a substituição de dihalovinil contendo uma porção ácida e com os ésteres de álcool α-cianofenoxibenzílico (Elliott *et al.*, 1976). Postula-se que existem dois tipos de modo de ação dos piretróides com base nos sintomas produzidos. No entanto, tanto as piretrinas naturais como os piretróides sintéticos são neurotóxicos que actuam diretamente sobre as membranas excitáveis, interferindo assim com a condutância iónica das membranas nos organismos-alvo.

Os piretróides pertencem a três categorias: 1) as piretrinas, que representam o inseticida-mãe; 2) a permetrina, a cis-permetrina, a trans-permetrina, a resmetrina e a tetrametrina, que representam compostos do tipo I com um grupo fenoxibenzilo; 3) a cipermetrina e a deltametrina, que representam compostos do tipo II com um grupo α-cianofenoxibenzilo.

Os piretróides são utilizados principalmente no controlo de insectos domésticos, agrícolas e parasitas, bem como em produtos industriais armazenados e em aplicações veterinárias. Em 1982, 30% do mercado mundial de insecticidas era constituído por piretróides (Vijverberg *et al.*, 1982) e esta percentagem tem vindo a aumentar. A fototoxicidade combina a elevada atividade inseticida dos primeiros piretróides com uma persistência adequada, pelo que se espera que controlem um amplo espetro de parasitas vegetais.

Na situação atual, em que surgiram espécies de insectos resistentes e em que o "Programa Intensivo de Controlo de Pragas" é mais desejável (Murthy, 1983), os piretróides sintéticos são considerados insecticidas eficazes com uma vasta gama de propriedades químicas e biológicas. Os piretróides sintéticos foram introduzidos na Índia em 1976 e foram experimentados em campos de algodão e arroz. A utilização destes insecticidas está a aumentar de dia para dia para combater o problema das pragas. Atualmente, a cipermetrina, a permetrina, a deltametrina, a decametrina e o fenvalerato são os principais piretróides sintéticos desenvolvidos comercialmente na Índia.

Piretróides sintéticos disponíveis na Índia

Nome do inseticida	***Denominações comerciais***
Cipermetrina	Cymbush 25EC
Deltametrina	Fita 10EC
Permetrina	Cyperkil 25EC
Fenvalerato	Decis 2.8EC
	Rukrin 2.8EC
	Permaset 25EC
	Sumicidina 20EC
	Fenvas 20EC

	Arofin 20EC Belmerk 20EC

Modo de ação dos piretróides

O modo de ação de um produto químico difere do modo de ação de outro. O grau de variação no modo de ação, bem como a toxicidade, deve-se à variação estrutural dos piretróides. Com base na sintomatologia da toxicidade dos piretróides, o envenenamento é classificado, em termos gerais, em dois tipos. O síndroma de envenenamento de tipo I produzido pelo piretróide sem o ciano-substituinte é caracterizado por inquietação, incoordenação, prostração e paralisia na barata (Gammon *et al.*, 1981) e tremores de corpo inteiro no rato (Verschoule e Aldridge, 1980). Os sintomas do síndroma de envenenamento de tipo II incluem convulsão, hiperatividade intensa, comportamento de escavação, tremores grosseiros, convulsões clómicas e salivação em ratos (Gammon *et al.*, 1982; Eldefrawi *et al.*, 1985; Gray, 1985). O modo de ação foi amplamente estudado tanto em vertebrados (Jacques *et al.*, 1980) como em invertebrados (Vijverberg, *et al.*, 1982). A convicção geral é que todos os piretróides têm essencialmente o mesmo modo de ação básico (Vijverberg e Van den Bracken, 1988). Sabe-se que tanto os agentes do tipo I como do tipo II provocam o prolongamento da corrente de sódio associada à despolarização da membrana nervosa (Vijverberg e De Weille, 1985), sendo o canal de sódio neural o principal alvo molecular (Vijverberg *et al.*, 1982, Narahashi, 1985). No entanto, existem provas que sugerem que os piretróides do tipo II também podem interagir com os receptores GABA, inibindo tanto a ligação do (35s)-t-butil biciclofosfotionato (TBPS) ao complexo GABA-recetor-ionóforo (Lawrence e Casida, 1983) como os fluxos de cloreto induzidos pelo GABA. Abalis *et al.* (1986) efectuaram estudos sobre a preparação do sistema nervoso central (SNC). Estudos recentes em culturas de neurónios dos gânglios da raiz dorsal indicam que o piretróide do tipo II, a deltametrina, foi ineficaz nas correntes de entrada de cloreto induzidas pelo GABA a uma concentração ($10\mu m$) que prolongou drasticamente a corrente do canal de sódio activada por voltagem (Ogata *et al.*, 1988).

Os efeitos dos piretróides de tipo I são gerados, em grande medida, pela ação no sistema nervoso central (SNC), conforme demonstrado pela boa correlação entre os níveis cerebrais de cismetrina e os tremores e a indução de tremores por pequenas quantidades de cismetrina injectadas diretamente no sistema nervoso central (Gray e Rickar, 1982; Staatz *et al.*, 1982). O envenenamento está associado a um aumento acentuado da excitabilidade da coluna vertebral (Carlton, 1977; Staatz Benson e Husko, 1986) e do tronco cerebral (Forshaw e Ray, 1986), embora sem efeitos acentuados nos centros superiores.

O piretróide de tipo II produz uma síndrome de envenenamento mais complexa e actua numa gama mais vasta de tecidos. Provocam correntes de cauda de sódio com constantes relativamente longas (Wright *et al.*, 1988). Bernes e Verschoyle (1974) observaram pela primeira vez que o envenenamento de tipo II em ratos envolvia o desenvolvimento progressivo de narizes e abertura exagerada da mandíbula, semelhante à observada em resposta a um irritante colocado na língua, salivação que pode ser profusa, aumento do tónus extensor nos membros posteriores causando uma marcha ondulante, incoordenação que progride para um tremor muito grosseiro, arrepotelose generalizada (espasmos contorcidos), convulsões tónicas, apneia e morte (Ray, 1982). Em doses mais baixas, observa-se um comportamento repetitivo mais subtil (Brodie e Aldridge, 1982). Em cães, foram observados sintomas semelhantes (Thebault *et al.*, 1985). Os piretróides de tipo II geralmente diminuem, em vez de aumentarem, a reação de sobressalto ao som (Crofton e Reiter, 1984). Embora se trate de uma resposta complexa e em doses baixas, alguns piretróides de tipo II provocam um aumento do sobressalto (Hijzen e Slangen, 1988). A resposta cortical cerebral ao som também é deprimida (Ray, 1980). As descargas repetitivas de várias partes do sistema nervoso, como os axónios gigantes da barata *Periplaneta americana* (Narahashi, 1962) e da lula (Strakes e Narahashi, 1978), os neurónios motores da mosca doméstica *Musca domestica* (Adams e Miller, 1979), as células neurosecretoras do inseto do pau, *Carqusis morosus* (Orchard e Osborne, 1979) e larvas do verme da folha do algodão (Gammon e Holden, 1979), sistema nervoso periférico do gafanhoto do deserto, *Schistocerca gregaria* (Clements e May, 1977) e estudos de pinças de tensão de axónios de lulas (Narahashi e Anderson, 1967). Estes estudos revelam o aumento da condutância transitória do sódio devido ao envenenamento por piretróides e também a deslocação da curva de ativação do sódio na direção da despolarização (Narahashi e Anderson, 1967).

Nos mamíferos, os sintomas de envenenamento por piretróides resultam de uma interação destes insecticidas com o SNC (Ray e Cremer, 1979; Staatz *et al.*, 1982). Carlton (1977) registou a ocorrência de disparos repetitivos no nervo sensorial de coelhos devido à cismetrina. Jacques *et al.* (1980) observaram ondas lentas de despolarização até 30 mv em células nervosas inexcitáveis de cultura de tecidos do cérebro de ratos sob stress de deltametrina.

Estudos bioquímicos anteriores sobre a piretrina revelaram a perturbação da atividade de várias enzimas e vias do metabolismo intermediário (Casida, 1973). Estudos neurofisiológicos indicam que o principal modo de ação das piretrinas ocorre provavelmente a um nível biofísico, envolvendo a perturbação do transporte de iões nas membranas nervosas (Camougis e Davis, 1971; Narahashi, 1976).

Os piretróides têm certas características em comum com a acetilcolina (Korolkovas, 1970) e, em concentrações mais elevadas, causam um bloqueio completo da condução nervosa e da transmissão através das sinapses (Schallek e Wiersma, 1948). Foi observada uma elevação da atividade da AChE do sistema nervoso e do músculo imediatamente após a exposição tópica à cipermetrina e ao fenvalerato, que mais tarde mostrou uma diminuição significativa no grilo, *Gryllotalpa gryllotalpa* (Aruna Kumari, 1989). A atividade da AChE nos tecidos nervosos e no músculo da *Periplanata americana* revelou um aumento inicial nas primeiras horas após a exposição a concentrações letais de fenvalerato, cipermetrina e decametrina e, posteriormente, uma diminuição contínua (Rajendra Singh, 1991). Foi observada uma diminuição da atividade da

ATPase no sistema nervoso das abelhas expostas a várias concentrações de deltametrina (Migula *et al.,* 1990). Vários estudos demonstraram que os piretróides, como a cipermetrina e a deltametrina, inibem a atividade da ATPase nos animais (Desaiah *et al.,* 1975; Casida *et al.,* 1983).

A resposta fisiológica dos mamíferos à intoxicação por piretróides foi amplamente analisada por vários autores (Casida *et al.,* 1983; Gray e Soderlund, 1985; NRCC, 1986). Lock e Berry (1981) relataram os efeitos da cipermetrina na bioquímica do cérebro de ratos. Observaram uma inibição dos níveis de piruvato, enquanto o teor de lactato estava aumentado. Anastasi e Bannister (1980) também registaram alterações em enzimas como a piruvato quinase e as desidrogenases (LDH, SDH e MDH) no músculo de peixes expostos à piretrina. Radhaiah (1989) relatou o efeito tóxico do fenvalerato na atividade da frutose 1,6 difosfato aldolase do fígado, brânquias, rins e cérebro do peixe teleósteo de água doce, *Tilapia mosambicus*. Cremer e Seville (1982) registaram algumas alterações bioquímicas acentuadas, como hiperglicemia no sangue do rato.

A deltametrina é mais persistente, com uma semi-vida de mais de dois meses no solo (Chapman *et al.,* 1981). No solo, a principal degradação inicial é a cisão da ligação éster, em resultado da qual os fragmentos de álcool e ácido são libertados e oxidados em CO_2. Em todos os piretróides, foi observada uma acumulação de resíduos que se mineralizam lentamente em CO_2 (Lee, 1985). A meia-vida da permetrina na água do lago é de 1 dia, mas os resíduos imobilizados podem ser encontrados no hidrossol durante períodos consideravelmente mais longos (Rawn *et al.,* 1982). Consequentemente, os insecticidas piretróides não se acumulam na biosfera. Por conseguinte, a maioria dos estudos sobre os efeitos tóxicos destes compostos em organismos não visados concentrou-se em bioensaios de curta duração.

Outros piretróides sintéticos, como a tetrametrina e a dimetrina, também são metabolizados pela oxidação do grupo trans-metilo na porção ácida do crisântemo (Yamamoto *et al.,* 1969). No entanto, a via oxidativa pode ser menos importante para estes ésteres de álcoois primários, tendo em conta a extensa hidrólise *in vivo* (Miyamoto e Suzuki, 1973) e os isómeros trans foram mais rapidamente hidrolisados do que os isómeros cis (Abernathy *et al.,* 1973). A transpermetrina foi hidrolisada pelas carboxiesterases localizadas na fração solúvel dos homogenatos de cérebro de rato, o que pode ter contribuído para a desintoxicação de alguns piretróides em mamíferos.

Bioacumulação de piretróides

Não se espera que os insecticidas sintéticos à base de piretróides se multipliquem através da cadeia alimentar. No entanto, os piretróides podem ser bioacumulados por organismos individuais durante a exposição aguda e/ou crónica a concentrações subletais. O fenvalerato é bioacumulado no caracol *Helisoma trivalvis* (Anderson, 1982) e na *Eipangopludina japonica* (Ohkawa *et al.,* 1980) durante um período de 28 a 30 dias, produzindo factores de bioconcentração que variam entre 356 e 1167 e 617 e 1110, respetivamente.

O fenvalerato também se concentrou no salmão, *Salmo salar,* na carpa, *Cyprinus carpio*, no peixinho, *Cyprinodon variegatus*, e no crustáceo, *Daphnia pulex*, com factores de bioconcentração de 40 a 200, 122 a 247, 570 e 683 a 687, respetivamente (Mc Kesse *et al.*, 1980, Ohkawa *et al.*, 1980). Existem dados semelhantes para a permetrina. A bioacumulação pode ser considerada como um efeito subletal dos pesticidas, que resulta numa diminuição reduzida da atividade ou função normais. Mais frequentemente, a exposição a pesticidas provoca uma inibição ou alteração subletal da fisiologia comportamental ou uma toxicidade direta que conduz à morte.

Os piretróides podem entrar no meio aquático por escoamento durante a utilização agrícola, por deriva durante os procedimentos de pulverização florestal e por pulverização direta das massas de água. Verificou-se que a toxicidade dos insecticidas varia em função de diversos factores, como o tamanho e o peso do animal (Helt e Fingerman, 1977; Kumaraguru e Beamish, 1981), a temperatura (Coats e O'Donnell-Jeffery, 1979; Kumaraguru e Bearish, 1981) e a absorção pelas brânquias (Bradbury *et al.,* 1986).

A utilização indiscriminada de pesticidas em diferentes fases do desenvolvimento das culturas e a ignorância dos agricultores sobre a sua aplicação estão a torná-los perigosos. Esta utilização indiscriminada de pesticidas causa muitos efeitos deletérios em organismos não visados, como o peixe, que é uma área rica em proteínas para a humanidade. Foram sintetizadas substâncias semelhantes às piretrinas naturais (Casida, 1973) e estes piretróides, para além de serem mais tóxicos do que as piretrinas naturais para os insectos, são também tóxicos para os peixes (Mauck *et al.,* 1976). Se os piretróides forem utilizados em larga escala como insecticidas florestais ou agrícolas, podem ser perigosos para os peixes (Mauck *et al.,* 1976).

Os isómeros trans foram aproximadamente 115 vezes mais tóxicos do que o cisisómero para a truta e o rato, respetivamente, quando os compostos foram injectados intraperitonealmente (Glickman *et al.,* 1981). A letalidade das piretrinas e dos piretróides para os juvenis de salmão do Atlântico e para os salmonídeos em geral aumenta com o aumento do coeficiente de parição em água octanol (Zitko *et al.,* 1977). No entanto, foi referido que pelo menos alguns dos piretróides sintéticos têm um elevado nível de toxicidade para os peixes (Mulla *et al.,* 1978).

A toxicidade para os peixes é particularmente preocupante, tendo em conta a potencial utilização destes insecticidas em habitats aquáticos, uma vez que demonstraram uma excelente atividade contra as larvas de mosquitos (Miure *et al.,* 1977) e as larvas de mosca negra (Muirhead-Thomson, 1977). Holcombe *et al.* (1982) concluíram que os piretróides sintéticos são mais tóxicos para os peixes do que os OC e os OP.

Importância do inquérito

A monitorização biológica é uma das formas desenvolvidas para manter efetivamente a qualidade do ambiente a um nível social e biologicamente desejável. A ideia de utilizar biota aquática para a monitorização da toxicidade não é um fenómeno recente. Henderson e Pickering (1963) e Jackson e Brings (1966) utilizaram peixes nos seus estudos de monitorização. Dado que os peixes constituem uma das fontes importantes de proteínas, um conhecimento profundo do efeito dos pesticidas nos peixes seria útil para a conservação dos peixes e o desenvolvimento das pescas (Holden, 1972).

A medida habitual do efeito ambiental de qualquer poluente num animal é a mortalidade; contudo, outros efeitos mais delicados e indicativos de alterações fisiológicas podem, em última análise, ser prejudiciais para a sobrevivência de uma população. O comprometimento do funcionamento comportamental e fisiológico pode resultar numa redução gradual da capacidade de adaptação das espécies, levando a uma diminuição da sua capacidade de sobrevivência e do seu nível populacional. Embora uma pequena alteração de um processo possa parecer insignificante, a combinação dos efeitos de vários processos pode aumentar o stress de tal forma que o organismo se torna menos capaz de lidar com várias formas de diversidade.

Para se ter um conhecimento aprofundado da extensão e do tipo de danos causados por estes insecticidas, é necessário estabelecer parâmetros morfológicos e bioquímicos (Shakoori *et al.*, 1976) e os pesticidas não só produzem alterações morfológicas ou patológicas, como também provocam alterações bioquímicas significativas no sistema vivo (Edwards, 1973; O'Brien, 1977).

O presente estudo foi efectuado com o objetivo de compreender os efeitos da toxicidade aguda nas espécies de peixes experimentais. São também estudadas as alterações bioquímicas nos peixes aquando da exposição subletal. A importância do estudo da toxicidade aguda consiste em evitar a morte maciça dos peixes devido à contaminação deste pesticida nas massas de água próximas e o objetivo geral deste projeto é avaliar os danos causados por este pesticida e desenvolver formas e meios de retificar estas exposições tóxicas.

O peixe tem um grande valor alimentar e precisa de ser conservado, tendo em conta a procura cada vez maior de proteínas devido à explosão demográfica. Muito se tem trabalhado sobre a toxicidade dos piretróides nos peixes, mas tem sido dada menos atenção aos efeitos da concentração subletal do piretróide sintético Deltametrina no peixe de água doce, *Channa punctatus*.

A deltametrina é também um pesticida comum nas culturas desta região e as informações recolhidas na literatura não são adequadas para compreender o impacto total deste piretróide na *Channa punctatus*. Uma investigação mais aprofundada e pormenorizada do efeito da deltametrina na *Channa punctatus* ajudaria a avaliar os danos causados e também a verificar o estado de consumibilidade não tóxica do peixe, o que ajudaria a avaliar os riscos para a saúde, se os houver, da população humana da zona. Com estes objectivos em mente, a presente investigação foi realizada para avaliar o efeito da deltametrina em alguns aspectos fisiológicos e químicos relacionados com o sexo do peixe de água doce, *Channa punctatus*.

II. MATERIAIS E MÉTODOS

Material selecionado

Nome do peixe : *Channa punctatus* (machos e fêmeas)

Este peixe encontra-se em todas as planícies da Índia. Prefere viver em águas estagnadas. A cor do peixe varia consoante a água circundante. Pode atingir um comprimento de 31 cm nas planícies, mas nas colinas atinge apenas 11 cm. Os principais alimentos deste peixe são os insectos aquáticos, os microrganismos, os pequenos peixes, os moluscos e os camarões. São criadores de perfil e o seu desenvolvimento é muito rápido.

Classificação :

Filo : Chordata

Subfilo : Vertebrados

Divisão : Gnathostomata

Superclasse : Peixes

Classe : Osteichthyes

Subclasse : Actinopterygii

Superordem : Teleostei

Encomendar : Ophiocephaliformes

Família : Ophiocephalidae

Género : *Channa*

Encomendar : *punctatus*

Devido aos seus hábitos alimentares omnívoros, à sua disponibilidade fácil e abundante e à sua adaptabilidade a condições ambientais variadas, *a Channa punctatus* foi selecionada como um animal experimental ideal para o presente estudo.

Pesticida selecionado

O pesticida selecionado para a presente investigação foi o piretróide sintético Deltamethrin, pertencente aos "pesticidas de terceira geração". É amplamente utilizado no distrito de Anantapur e arredores em diversas culturas agrícolas para controlar pragas, moscas e mosquitos. A deltametrina é geralmente utilizada para controlar pragas como a lagarta comedora de folhas, a heleothis e a broca das vagens, que causam danos a culturas arvenses como o algodão, a grama de bengala, o amendoim e o girassol. Tem sido amplamente utilizada devido à sua elevada fotoestabilidade, degradabilidade, carácter não persistente e baixa toxicidade para os mamíferos. A deltametrina tem o nome comercial de Decis. A formulação líquida da deltametrina de grau comercial (2,8EC) foi adquirida em lojas agroquímicas locais.

Propriedades físico-químicas da deltametrina

Nome comum	: Deltametrina
Denominação química	: 1R,3R-(2,2-dibromovinil)-2,2-dimetilciclopropano carboxilato de (S)-α-ciano-3-fenoxibenzilo.
Nome comercial	: Decis
Fórmula empírica	: $C_{22}H_{19}Br_2NO_3$
Fórmula estrutural	: 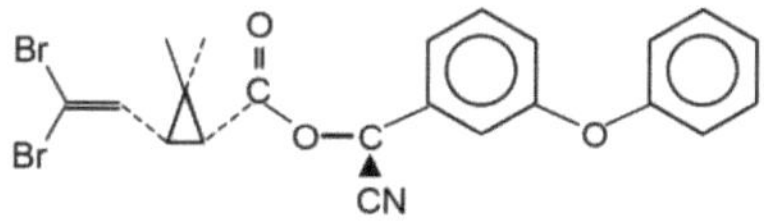
Peso molecular	: 505.2
Estado físico	: Líquido
Rotação ótica	: 20 D= +58°+1 ◦ (4% tolueno)
Pressão de vapor	: 3 x 10^{-10} mm Hg a 25 C°
Ponto de ebulição	: 101-102 C°
Ponto de fusão	: 98,0-101,0 C°
Cor	: Amarelo claro Verde

Os seguintes factores susceptíveis de contribuir para variações de toxicidade são aproximadamente anulados a um nível satisfatório.

Qualidade da água

Uma vez que se sabe que a química da água influencia a bioavaliação da toxicidade dos produtos químicos, é essencial manter uma qualidade uniforme da água. A composição da água utilizada para a manutenção dos peixes é apresentada de seguida.

Factores físico-químicos da água utilizada na experiência

pH :		7,4 a 7,6
O_2 dissolvido	:	6-7ml/l
Salinidade	:	0,191ml/l
Alcalinidade	:	87 ppm (como $CaCO_3$)
Clorinidade	:	0,111g/l
Potássio	:	30,5 m moles/l

Dureza da água : 160 ppm (como $CaCO_3$)

Cálcio : 4,31 m moles/l

Dióxido de carbono : 2,90mg/l

Saturação percentual de oxigénio : 8

Temperatura

Sabe-se que a temperatura influencia a toxicidade de um grande número de pesticidas (Macek e Huchinson, 1969; Parvathi, 1982). Por conseguinte, durante o presente estudo, a temperatura da água foi mantida a 28 + 2°C.

Densidade dos peixes

A toxicidade do pesticida é influenciada pela densidade dos peixes (Muirhead Thomson, 1971; Holden, 1973). Por isso, foi mantida uma relação constante entre a biomassa de peixes e o volume de água, tomando aproximadamente 1g de peixe por litro de água.

O fluxo de água

Uma vez que Burke e Ferguson (1969) referiram uma diferença significativa na toxicidade dos pesticidas para os peixes entre a água estática e a água corrente, as experiências do presente estudo foram efectuadas em condições de água estática, como sugerido por Doudoroff *et al.* (1951).

Dureza da água

Várias investigações demonstraram que a toxicidade depende frequentemente da dureza da água e da rápida decomposição dos produtos tóxicos que ocorrem em valores de pH mais elevados em águas duras ou macias (Pickering e Henderson, 1966; Alabaster, 1969). Assim, no presente estudo, a água utilizada tem uma dureza de 150 + 10 ppm (pH 7,6 + 0,4).

Cativeiro

A desintoxicação e o metabolismo dos xenobióticos nos peixes são influenciados pela manutenção em cativeiro (Adamson, 1967). Por conseguinte, foi tomado muito cuidado na manutenção e os peixes foram manuseados com muito cuidado sem causar qualquer stress mecânico sobre o corpo.

Manutenção dos peixes

Os peixes *Channa punctatus* machos pesando 10 + 2g e fêmeas pesando 12 + 2g foram recolhidos do departamento local de pescas e armazenados em aquários espaçosos. A água dos aquários foi arejada duas vezes por dia a fim de fornecer oxigénio. A temperatura nos aquários era de 28 + 2°C e a mesma foi mantida à temperatura normal durante todo o curso desta investigação e os peixes foram expostos ao foto-período natural. Os peixes foram alimentados diariamente com bolo de amendoim e com farelo de arroz; e duas vezes por semana com músculo de rã. Antes da execução das experiências, os peixes foram adaptados às condições de laboratório durante uma semana. A gama de variações no tamanho dos peixes seleccionados também foi minimizada, seleccionando os de tamanho uniforme com diferenças muito marginais. Os animais foram submetidos a um período de jejum de 24 horas antes de cada estimativa, de modo a eliminar a possibilidade de uma alimentação diferenciada, se for caso disso, influenciar as estimativas.

MÉTODOS DE ESTIMATIVA

Avaliação da toxicidade da deltametrina

Foi utilizado um poluente selecionado como a deltametrina, um inseticida piretróide sintético de grau comercial 2.8EC. As concentrações necessárias foram preparadas em água. As diferentes concentrações de deltametrina foram determinadas numa base de tentativa e erro.

Machos pesando 10 + 2g e fêmeas pesando 12 + 2g foram divididos em grupos de dez cada e foram expostos a diferentes concentrações de deltametrina, variando de 0,02 ppm a 0,2 ppm. A mortalidade foi observada durante um período de exposição de 96 horas. As observações foram repetidas três vezes para garantir a exatidão e a média dessas três observações foi tida em consideração. Os valores de mortalidade obtidos foram convertidos em valores de mortalidade percentual e, a partir destes, foram derivados valores de mortalidade probit (Finney, 1971). Os valores percentuais e probit de 96 horas foram representados em função da concentração de deltametrina e a CL_{50} foi obtida a partir de ambas as curvas. O LC_{50} obtido pelo método gráfico também pode ser verificado pelo método Dragstedt - Behrens, conforme indicado por Carpenter (1975).

$$\text{Log } LC_{50} = \text{LogA} + \frac{50-a}{b-a} \times \log 2$$

Onde A: Concentração de pesticida que mata 50% dos animais

a: Percentagem de mortalidade observada imediatamente abaixo dos 50%

b: Percentagem de mortalidade observada imediatamente acima de 50%

Fixação da concentração subletal

A concentração letal de deltametrina foi de 0,2 ppm para machos e fêmeas. Na concentração letal, o tempo é insuficiente para avaliar várias respostas fisiológicas e bioquímicas do animal experimental a esse tóxico (Nobbs e Peaur, 1976; Hoppenheit, 1977). Estudos posteriores sobre a toxicidade aguda podem ter sérias limitações, como a possibilidade de ignorar a ocorrência de adaptação do animal de teste à toxicidade imposta (Stockner e Autia, 1976). Perkin (1979) também considerou a necessidade de estudos de toxicidade subletal, que se revelaram de grande valor prático devido às alterações distintas que envolvem a sequência de acontecimentos que podem ocorrer na resposta do animal de ensaio em concentrações subletais. Assim, cerca de um décimo de LC50/96 h, 0,01425 & 0,01671 para machos e fêmeas, respetivamente, foram considerados como concentrações subletais para efetuar estudos adicionais.

Fixação dos períodos de exposição

Para estudar o efeito a longo prazo da concentração subletal de deltametrina nos aspectos bioquímicos dos peixes, foram seleccionados cinco períodos de exposição, ou seja, 24 h, 7, 15, 20 e 30 dias em concentração subletal, para elucidar alguns acontecimentos específicos das respostas de ambos os sexos dos peixes ao stress tóxico imposto nestes períodos de exposição.

PROCEDIMENTO EXPERIMENTAL GERAL

Neste estudo, foram efectuadas experiências em diferentes alturas nas brânquias, cérebro, rim, fígado e músculo de machos e fêmeas expostos a uma concentração subletal de deltametrina. Foram seleccionados machos de *Channa punctatus* do mesmo tamanho, que foram divididos em seis lotes de seis exemplares cada, o mesmo acontecendo com as fêmeas. Cada experiência foi efectuada nos órgãos de seis peixes e a média destes seis valores foi tida em consideração. Foram feitas experiências semelhantes em peixes normais que serviram de controlo. Antes de qualquer experiência, os peixes foram atordoados até à morte e os tecidos necessários foram dissecados de cada peixe utilizando instrumentos esterilizados. Os órgãos foram pesados separadamente, com a precisão de um miligrama, numa semimicrobalança eléctrica sartoriana e transferidos para microbolhas separadas contendo solução de ringer para peixes. O ringer de peixe foi preparado de acordo com a composição indicada por Ek berg (1958). Foi concedido um tempo de equilíbrio de 15 minutos aos órgãos para lhes permitir recuperar a normalidade de um eventual estado de choque devido aos procedimentos de manuseamento e dissecação. Todo o processo foi efectuado em câmara fria esterilizada, com temperatura mantida a 15 + 1°C.

Determinação do NOEL

O nível de efeito não observado (NOEL) é uma dose determinada experimentalmente na qual não há efeito estatístico ou biológico significativo de um pesticida, Deltamethrin na presente investigação. Para determinar o NOEL, foram escolhidas concentrações seguras de deltametrina como 0,001 ppm, 0,002 ppm e 0,003 ppm e o consumo de oxigénio deste peixe foi medido diariamente até 30 dias, para além do meio de controlo (água doce sem deltametrina), utilizando o método de Winkler (Bashamohideen e Kunnemann, 1978). O procedimento pormenorizado é apresentado nos capítulos seguintes. Como não foram observadas alterações significativas no consumo de oxigénio deste peixe a 0,001 ppm, esta concentração de marcador é tratada como o nível para o NOEL.

RESPOSTAS RESPIRATÓRIAS

Exposição a pesticidas - Consumo de oxigénio no decurso do tempo

A evolução temporal da taxa de consumo de oxigénio ($O_2ml/g/h$) foi medida pelo método de Winkler melhorado, desenvolvido por Bashamohideen e Kunnemann (1978). O peixe experimental foi introduzido na câmara respiratória coberta com uma folha de alumínio preta e as amostras iniciais de água foram recolhidas em garrafas de Winkler com cerca de 50 ml de volume. Meia hora após a introdução do peixe, as amostras finais foram novamente recolhidas para as garrafas de Winkler. O teor de oxigénio dissolvido nestas amostras foi estimado como se indica a seguir. Com a ajuda de micro-seringas, foram adicionados 0,25 ml de NaCl a 40%, 0,25 ml de KOH e 0,25 ml de corante a 3% (leucobarbelina azul-1), respetivamente, aos frascos que continham as amostras inicial e final, separadamente, que foram depois fechados e bem agitados durante um minuto, deixando-se o precipitado assentar. Após 3 minutos, adicionou-se 1 ml de ácido cítrico a 4% e os frascos foram novamente agitados durante um minuto, tendo-se desenvolvido uma cor azul intensa. 5 ml desta cor azul foram lidos no espetrofotómetro a um comprimento de onda de 578 nm, utilizando cuvetes de vidro com 1 cm de percurso de luz. A intensidade da cor azul é diretamente proporcional à quantidade de oxigénio presente nas amostras. A curva de calibração foi preparada utilizando amostras de água com diferentes concentrações de oxigénio (por borbulhamento de N2 na água da torneira). A equação da calibração e da densidade ótica a 578 nm foi calculada por regressão linear. Obteve-se um fator de calibração de 6,607 no presente método. A diferença na concentração de oxigénio entre a amostra inicial e a amostra final indica a taxa de oxigénio consumido pelos peixes. A taxa de consumo de oxigénio é calculada utilizando a fórmula.

$$\frac{\text{Initial O.D-Final O.D} \times 6.607 \times 2}{\text{Body weight}} = \text{Oxygen consumption } (O_2\text{ml/g/h})$$

O reagente utilizado para esta experiência foi o persuade da Merk (Amesterdão) e o corante da Altman (Berlim). As soluções foram preparadas com oxigénio a partir de água destilada. A fim de evitar a decomposição do corante, foram utilizados frascos de cor âmbar e 0,3 ml de hidróxido de amónio a 25% por 100 ml de solução do corante.

Exposição a pesticidas - Consumo de oxigénio de peixes inteiros

A taxa de consumo de oxigénio destes animais foi estimada através da adoção do método iodométrico de Winkler, tal como descrito por Bashamohideen e Kunnemann (1978). Seis peixes machos e seis peixes fêmeas foram expostos a uma concentração subletal de deltametrina e a taxa de consumo de oxigénio destes animais foi medida no seu meio natural de água doce. Posteriormente, as medições foram seguidas nos respectivos períodos de exposição. As medições em cada um dos indivíduos foram efectuadas em triplicado e a média foi tida em consideração; a taxa foi medida num momento fixo, a fim de eliminar eventuais variações devidas a ritmos metabólicos diurnos. Os valores foram expressos em O2ml/g/h.

RESPOSTAS HEMATOLÓGICAS

Contagem de hemácias

O número de hemácias foi determinado em machos e fêmeas de *Channa punctatus* em diferentes períodos de exposição subletal, como 24 h, 7 dias, 15 dias, 20 dias e 30 dias, incluindo o meio de controlo (água doce sem deltametrina). O número de glóbulos vermelhos foi determinado com uma câmara de contagem de cristais de Neubauer. O sangue foi colhido através de uma incisão caudal e diluído com líquido de Hayem (5 g de sulfato de sódio, 1 g de cloreto de sódio e 0,5 g de cloreto de mercúrio dissolvidos em 200 ml de água destilada). O líquido de Hayem foi introduzido até à marca "o" na pipeta de hemácias e misturado cuidadosamente através da rotação da pipeta, deixando-se a mistura repousar durante cerca de 2-3 minutos para uma mistura uniforme. A câmara de contagem e o vidro de cobertura foram limpos e o vidro de cobertura foi colocado sobre a área portificada. Misturar de novo a solução suavemente, expelir o vapor da solução e deixar escorrer uma gota de líquido sob a lamela, manipulando a pipeta num ângulo de 90° .

Deixou-se repousar durante 2-3 minutos até as hemácias assentarem. Em seguida, a área portificada da câmara de contagem foi focada ao microscópio e o número de hemácias foi contado em cinco pequenos quadrados das colunas de hemácias (as hemácias foram contadas nos quatro quadrados dos cantos e no quadrado de controlo ao microscópio de alta potência e o número de hemácias por milímetro cúbico (mm^3) foi calculado utilizando a seguinte fórmula:

$$\text{RBC count} = \frac{\text{Number of cells} \times \text{Dilution factor (200)} \times \text{Depth factor}}{\text{Area counted}} \text{ millions/mm}^3$$

Contagem de leucócitos

O sangue foi misturado com uma solução de ácido fraco que heamolisa os glóbulos vermelhos, deixando apenas os glóbulos brancos. Uma vez que o número de leucócitos é geralmente maior, as amostras de sangue foram diluídas na pipeta de polegar, tomando sangue até 0,1 marca e diluindo-o até 11 marcas com o líquido diluidor, a solução de Shaw (1930). A solução de Shaw (1930) tem duas soluções, como se segue:

Solução A:

Cloreto de sódio	:	0.9g
Vermelho neutro	:	0.25g
Água destilada	:	100ml

Solução B:

Cristal violeta : 12.0g

Citrato de sódio : 3.8g

Solução de formaldeído a 40%: 0,4 ml

Água destilada : 100ml

Antes da utilização, ambas as soluções foram filtradas e misturadas em volumes iguais. O sangue diluído foi trocado na câmara de Neubauer tomando as medidas de precaução mencionadas na contagem de hemácias e o número é expresso em milhões/mm^3 utilizando a seguinte fórmula:

Contagem de leucócitos = N.º de leucócitos x Volume de correção x Correção para a diluição da contagem (milhões/mm $)^3$

METABOLISMO DOS HIDRATOS DE CARBONO

Os níveis de glicose no sangue, glicogénio hepático e glicogénio muscular foram estimados nos machos e fêmeas do peixe *Channa punctatus* no âmbito deste estudo.

Glicose no sangue

O nível de glucose no sangue foi estimado em *Channa punctatus*, submetendo-a a diferentes períodos de exposição subletal à deltametrina. Foi recolhido sangue da região caudal de cada peixe. Antes da recolha das amostras de sangue, os micro-béqueres foram cuidadosamente lavados e enxaguados com a solução anti-coagulante. Foi colhido 0,1 ml de sangue com uma micro-seringa fina de 1 ml de tuberculina e o teor de glucose na amostra de sangue foi determinado pelo micrométodo colorimétrico, tal como descrito por Mendel *et al.* (1954).

Foi colhido 0,1 ml de sangue com uma micro-seringa fina de 1 ml de tuberculina e foi-lhe adicionado 1,9 ml de solução desproteinizante (ácido tricloroacético a 5%) contendo 100 mg de sulfato de prata. A mistura foi centrifugada a 3000rpm durante cerca de 10 minutos. Em seguida, retirou-se 1 ml do sobrenadante e adicionou-se-lhe 3 ml de ácido sulfúrico concentrado. A mistura foi agitada vigorosamente durante cerca de 5 minutos e aquecida num banho de água a ferver exatamente durante 6,5 minutos; em seguida, a mistura foi arrefecida em água corrente da torneira. Por fim, a densidade ótica da cor rosa desenvolvida foi medida num espetrofotómetro a 520 nm em relação a um branco. O teor de glucose foi expresso em mg/100 ml de sangue.

Glicogénio hepático

O nível de glicogénio hepático em *Channa punctatus* exposta a diferentes períodos de exposição subletal à deltametrina, para além dos controlos, foi estimado por métodos colorimétricos, tal como descrito no método Anthrone (Caroll *et al.,* 1956). O fígado inteiro da região abdominal dos peixes foi retirado de cada peixe e pesado separadamente numa balança eléctrica semi-micro sartorius, com uma precisão de miligramas. Estes tecidos foram transferidos separadamente para tubos de ensaio contendo 3 ml de KOH quente (Hassid e Abraham, 1957) e digeridos durante 30 minutos. Subsequentemente, a solução foi arrefecida e foram-lhe adicionados 4 ml de álcool e a mistura inteira foi centrifugada a 2500 rpm durante 15 minutos. O sobrenadante foi completamente decantado e foram adicionados 10 ml de água destilada morna ao resíduo para dissolver o glicogénio precipitado. 0,2 ml desta solução foi completada até 10 ml com água destilada. A esta solução adicionou-se 0,5 ml de reagente de antrona e a mistura inteira foi mantida num banho de água a ferver durante 30 minutos. A densidade ótica da cor desenvolvida foi medida no espetrofotómetro a um comprimento de onda de 625 nm. Os padrões de glicogénio foram também analisados de forma semelhante e o teor de glicogénio no fígado foi expresso em mg/g de peso húmido.

Glicogénio muscular

O nível de glicogénio muscular foi estimado em *Channa punctatus* exposta a diferentes períodos de exposição subletal à deltametrina, para além dos controlos, através de um método colorimétrico, tal como descrito no método Anthrone (Carol *et al.*, 1956), que menciona a estimativa do glicogénio hepático. Alguns músculos esqueléticos da região dorso-lateral anterior do tronco foram dissecados dos peixes. Uma vez que se sabe que a concentração de glicogénio muscular nos peixes varia nas diferentes regiões do corpo, da cabeça à cauda (Fraster *et al.*, 1966), teve-se o cuidado de colher as amostras de tecido muscular sempre da mesma região do corpo em todos os peixes seleccionados para a estimativa do glicogénio. O teor de glicogénio muscular foi expresso em mg/g de peso húmido.

METABOLISMO DAS PROTEÍNAS

Os níveis de proteínas solúveis, estruturais e totais, aminoácidos livres e atividade de protease foram estimados no fígado, brânquias e músculo de machos e fêmeas do peixe *Channa punctatus* no âmbito deste estudo.

Proteínas solúveis, estruturais e totais

As proteínas solúveis, estruturais e totais nos órgãos foram estimadas utilizando o método do reagente folina-fenol, tal como descrito por Lowry *et al.*, (1951). Foi preparado um homogenato a 1% (p/v) em solução de sacarose 0,25M gelada. Para as proteínas solúveis e estruturais, foi retirado 1 ml do homogenato e centrifugado a 3000 rpm durante 10 minutos. O sobrenadante foi separado e, tanto ao sobrenadante como ao resíduo, foram adicionados 3 ml de ácido tricloroacético a 10% e centrifugados a 3000 rpm durante 10 minutos. O sobrenadante foi eliminado e o resíduo foi utilizado para a experimentação. Os três resíduos foram dissolvidos em 5 ml de hidróxido de sódio 0,1N e a 1 ml de cada uma destas soluções foram adicionados 4 ml de reagente-D (mistura de carbonato de sódio a 2% e sulfato de cobre a 0,5% numa proporção de 50:1 antes da utilização). Por fim, a densidade ótica da cor desenvolvida foi medida no espetrofotómetro a um comprimento de onda de 600nm. Utilizou-se uma mistura de 4 ml de reagente-D e 0,4 ml de reagente de folina-fenol para o branco. A albumina de soro bovino foi utilizada para a preparação de padrões proteicos. O teor de proteínas foi expresso em mg/g de peso húmido.

Aminoácidos livres

Os níveis de aminoácidos livres (FAA) nos órgãos foram estimados pelo método da ninidrina, tal como descrito por Moore e Stein (1954). Foram preparados homogenatos a 5% (p/v) em ácido tricloroacético a 10% e centrifugados a 2000 rpm durante 15 minutos. Foram retirados 0,2 ml do sobrenadante e adicionados 2 ml de reagente de ninidrina e o conteúdo foi fervido durante exatamente 5 minutos. Arrefeceu-se sob água da torneira e o volume foi completado para 10 ml com água destilada. A densidade ótica da cor desenvolvida foi medida num espetrofotómetro a um comprimento de onda de 570nm. Foi igualmente efectuado um ensaio em branco com água destilada e padrões de aminoácidos. Os teores de aminoácidos livres foram expressos em mg de azoto aminoácido libertado/g de peso húmido.

Atividade de protease

A atividade das proteases nos órgãos foi estimada utilizando o método da ninidrina, tal como descrito por Davis e Smith (1955). Foi preparado um homogenato a 1% (p/v) em água destilada. A 2 ml de homogenato, foram adicionados 0,5 ml de caseína a 1% e 2 ml de tampão fosfato 0,1 M (pH 5,0). A reação foi interrompida pela adição de 2 ml de reagente de ninidrina a 2%. Mais uma vez, o conteúdo foi bem misturado e colocado num banho de água a ferver durante 20 minutos. A solução foi arrefecida e completada até 10 ml com diluente (água destilada e n-propanol na proporção de 1:1). A densidade ótica da cor desenvolvida foi medida num espetrofotómetro a um comprimento de onda de 570nm. Foram também efectuados de forma semelhante um ensaio em branco com 2 ml de água destilada e um ensaio de controlo com 2 ml de enzima fervida. Foram preparados padrões de aminoácidos para comparação. A atividade da protease foi expressa em µM de azoto de aminoácidos libertado/mg de proteína/h.

METABOLISMO LIPÍDICO

Os níveis de lípidos totais, a atividade da lipase e os ácidos gordos livres foram estimados no fígado, nas brânquias e no músculo dos machos e das fêmeas do peixe *Channa punctatus objeto* deste estudo.

Lípidos totais

Os lípidos totais foram estimados separadamente nos órgãos, segundo o método de Folch *et al.* (1957). Cada órgão excisado foi pesado com precisão, até ao miligrama mais próximo, numa semi-microbalança eléctrica Sartorius. O peso dos órgãos utilizados para a estimativa varia geralmente entre 150-200mg. Foram preparados homogenatos separados para estes órgãos numa mistura de clorofórmio e metanol 2:1, utilizando 20 ml da mistura por cada grama de peso do órgão. Os homogenatos foram centrifugados a 2500 rpm durante 5 minutos e o sobrenadante foi recolhido para um tubo de centrifugação Corning, cujo peso foi previamente determinado com precisão numa semimicrobalança eléctrica Sartorius. Em cada tubo de centrifugação, adicionou-se solução salina normal (9 g de NaCl num litro de água destilada) à razão de 0,2 ml por cada 1 ml de homogenato. O conteúdo foi bem agitado e novamente centrifugado a 2500rpm durante cerca de 10 minutos. A fase superior, que consiste essencialmente em não lípidos, foi completamente removida e a fase inferior, que consiste essencialmente em lípidos, foi evaporada até à secura lentamente a 60-65° C. Depois de terminada a evaporação, o resíduo deixado no tubo de centrifugação foi pesado com precisão numa semimicrobalança eléctrica Sartorius. A diferença entre o peso inicial e o peso final dos tubos de centrifugação representa a quantidade de lípidos totais presentes na amostra e é expressa em mg/g de peso húmido.

Atividade lipásica

A atividade da lipase (glicerolester hidrolase) foi estimada separadamente nos órgãos, segundo o procedimento descrito por Colowick e Caplan (1965). Cada órgão excisado foi pesado com precisão, até ao miligrama mais próximo, numa semi-microbalança eléctrica Sartorius. Foi preparado um homogenato a 1% (p/v) de cada órgão em 5 ml de água destilada gelada. O homogenato foi centrifugado a 2500rpm durante 5 minutos. O sobrenadante foi colocado num frasco que constitui a fonte de enzima. O substrato foi preparado misturando 100 ml de tampão (acetato de sódio 0,2M) com 50 ml de Tween-20, 10 ml de indicador (vermelho de fenol aquoso a 0,02%) e 90 ml de água destilada. O pH desta mistura foi ajustado para 7,2. Adicionaram-se 10 ml deste substrato à fonte enzimática e o frasco foi tapado e colocado num banho de água fria a 20° C. Após 10 minutos, adicionou-se uma gota de álcool decíclico à mistura de substrato enzimático para evitar a formação de espuma e a solução foi titulada com hidróxido de sódio 0,02N até atingir o ponto final (cor vermelha rosada). Durante a titulação, o conteúdo do frasco foi bem misturado. Foram preparados brancos por ebulição do sobrenadante e estes brancos foram também titulados como as amostras normais. 1 ml foi considerado equivalente a 100 unidades de lipase e a atividade da lipase é expressa em LiM/mg de proteína/h.

Ácidos gordos livres

Os ácidos gordos livres foram estimados separadamente nos órgãos, segundo o método descrito por Natelson (1971). Os lípidos foram extraídos separadamente de cada órgão excisado, segundo o método de Folch *et al.* (1957). 2 ml de extrato clorofórmico-lipídico (obtido pelo método acima citado) de cada órgão foram evaporados até à secura lentamente a 60-65°C. Em seguida, o resíduo de cada caso foi dissolvido em 2 ml de etanol a 95%. Foi adicionada uma gota de fenolftaleína a 0,1% (preparada em álcool) como indicador. O conteúdo foi titulado com KOH N/50 até ao desenvolvimento da cor rosa. Utilizou-se uma microbureta de 1 ml de capacidade para a titulação e 2 ml de etanol como branco.

O valor da titulação do branco foi subtraído do valor da titulação da amostra (desconhecida). Ao multiplicar este valor por 0,02, foi recolhido o teor de ácidos gordos livres (em miliequivalentes) nas amostras. Finalmente, este valor foi multiplicado por 277 (assumindo que o peso molecular médio dos AGL é 277) e o mesmo é expresso em mg/g de peso húmido.

ESTUDOS ENZIMÁTICOS

Atividade da acetilcolinesterase (AChE) (EC 3.1.1.7)

Foram preparados separadamente 1% de homogenato do cérebro e 5% de homogenato dos outros tecidos, como rins, fígado e músculo de machos e fêmeas de *Channa punctatus*, em solução de sacarose 0,25M gelada. A atividade da AChE nestes extractos foi estimada pelo método de Mayers (1957). As misturas de reação continham 1 ml de tampão fosfato 0,1 M (pH 7,2) e 0,5 ml do homogenato de tecido. Após 30 minutos de incubação a 37° C, a reação foi interrompida pela adição de 2 ml de cloridrato de hidroxilamina alcalina e 1 ml de HCl (1:1 HCl:H_2O). O conteúdo foi bem misturado e centrifugado a 1000rpm durante 15 minutos. Ao sobrenadante foram adicionados 0,5 ml de solução de cloreto férrico a 10% para desenvolver a cor. A cor foi medida em relação ao branco a 540nm no espetrofotómetro. O branco continha 1 ml da mistura de tampão e substrato. A atividade enzimática foi expressa em µM de ACh hidrolisada/mg de proteína/h.

Teor de acetilcolina

O teor de acetilcolina (ACh) foi estimado separadamente nos rins, cérebro, fígado e músculo de *Channa punctatus,* tanto em machos como em fêmeas, pelo método de Hestrin, modificado por Augustinson (1957). Os tecidos foram isolados, pesados e mantidos num banho de água quente durante 5 minutos para inativar a atividade da AChE e libertar a ACh ligada. As amostras foram deixadas arrefecer à temperatura ambiente e homogeneizadas em 2 ml de água destilada. Adicionaram-se 2 ml de cloridrato de hidroxilamina alcalina e 1 ml de HCl ao homogenato e centrifugou-se a 1000 rpm durante 10 minutos. Adicionou-se 0,5 ml de cloreto férrico aos 2,5 ml de sobrenadante límpido e o teor de ACh foi estimado num espetrofotómetro a 540 nm. O teor de ACh foi expresso em µg/g de peso húmido.

AVALIAÇÃO DO IMPACTO AMBIENTAL

Bioacumulação/Bioconcentração

Atualmente, o método do padrão interno é o mais popular e o método qualitativo ideal de GLC é utilizado para a análise de pesticidas. A concentração dos pesticidas depende da resposta do detetor aos pesticidas em causa.

Método

0,25 ml de 2-etil-hexil-ftaleno (EHP) de grau AR foram dissolvidos em 500 ml de acetona.

Preparação da solução padrão de deltametrina

0,075 mg de deltametrina padrão (comercial) em balão volumétrico de 50 ml e 5 ml de solução de padrão interno, a mistura foi agitada e completada até à marca.

Processo de extração e limpeza

Os tecidos de peixes expostos à deltametrina, como as brânquias, o cérebro, os rins, o fígado e os músculos, foram pesados separadamente e homogeneizados com 7 ml de ácido fórmico concentrado, a que se adicionaram 5 ml de n-hexano. O conteúdo foi agitado e a camada de solvente foi isolada, tendo cada amostra sido extraída durante 33 minutos. A camada de solvente foi lavada com um copo de água destilada e passada através de uma coluna de sulfato de sódio anidro. O volume do extrato foi reduzido para 3 ml. Em seguida, 1 ml de solução padrão de deltametrina e 1 ml de extrato foram analisados por injeção direta na cromatografia gasosa modelo-8510, equipada com um detetor de ionização de chama, com as condições de funcionamento de temperatura do forno de 25°C, temperatura de injeção de 27°C, temperatura de deteção de 27°C, gás de arrastamento azoto sem humidade e oxigénio, coluna de 4 mm, SS3%, OV-101, CHW HP- 100-20 mesh. As áreas dos picos da deltametrina e do padrão interno foram medidas e o teor de deltametrina foi calculado e representado em µg/g de peso húmido.

Fator de bioconcentração (BCF)

Os estudos de avaliação do impacto ambiental relacionados com o meio aquático também podem ser estudados através do cálculo do fator de bioconcentração. O BCF é o rácio entre a concentração de uma substância química num organismo aquático e a concentração na água em equilíbrio. O BCF é uma estimativa da propensão das substâncias químicas para se acumularem nos animais aquáticos. As substâncias químicas com BCF 1000 foram escolhidas como tendo um potencial significativo de bioconcentração e as substâncias químicas com valor < 250 foram consideradas como tendo um baixo potencial de bioconcentração e as substâncias químicas com valores < 100 foram consideradas seguras (USEPA, 1989).

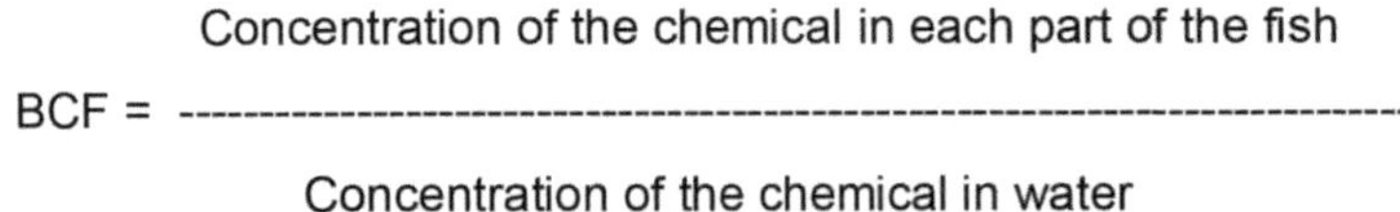

Índice de risco (HI)

Os impactos crónicos são quantificados como índices de perigo e quando o índice de perigo excede um, podem ocorrer efeitos crónicos adversos para a saúde. O índice de perigo pode ser calculado pela fórmula.

$$\text{Hazard index} = \frac{\text{Calculated daily intake (CDI)}}{\text{Reference dose / Acceptable daily intake (ADI)}}$$

$$\text{Acceptable daily intake} = \frac{\text{No observed effect level (NOEL)}}{\text{Uncertainty factor (UF)}}$$

Estudos de recuperação

Na presente investigação, foi estudado o efeito da deltametrina nas adaptações bioquímicas do peixe de água doce *Channa punctatus* em função do sexo. Além disso, foi feita uma tentativa nesta investigação sobre os estudos preliminares de avaliação do impacto ambiental. A condição para a recuperação após a introdução de um tóxico é que o próprio tóxico desapareça. A extensão da recuperação pode ser considerada diretamente como um bom indicador da taxa de adaptação da população de peixes e um sinal indireto da taxa de risco para o ambiente. Por conseguinte, a percentagem de recuperação em todos os parâmetros estudados em 30th dias de exposição subletal à deltametrina é calculada em relação ao nível do meio de controlo (água doce sem deltametrina), que é fixado em 100% para efeitos de comparação.

III. AVALIAÇÃO DA TOXICIDADE

DETERMINAÇÃO DO LC50

Introdução

A avaliação da toxicidade é a avaliação da atividade biológica de uma substância química em termos dos seus perigos potenciais para os seres vivos. Quando os animais experimentais são aquáticos, a letalidade é expressa em concentração letal (CL50) e, se forem terrestres, é expressa em dose letal (DL50). A maior parte das investigações evoluiu no sentido da determinação da CL50 para o efeito tóxico dos pesticidas em meio aquático. Este valor representa a quantidade de veneno por unidade de peso que mata 50% da população de teste das espécies seleccionadas para observação num período de exposição específico e que, por sua vez, representa o limite de tolerância (Finney, 1971). Quando o pesticida é misturado com água, sua concentração é expressa em partes por milhão (ppm) ou microgramas por litro (µg/l).

O teste para avaliar a toxicidade de um inseticida consiste em expor o animal, em lotes sucessivos, a diferentes concentrações de pesticida durante um período fixo e, após intervalos adequados, o número de animais mortos e o número de animais vivos são contabilizados. Finney (1971) propôs o método probit para calcular o valor LC50. Neste método, a % de mortalidade observada para cada concentração tem de ser calculada e convertida em probit por meio de uma tabela probit. Os valores probit calculados são depois representados num gráfico em função das concentrações por ele indicadas. Os compostos organoclorados são mais tóxicos para os peixes, sendo os seus níveis agudos de LC50 da ordem das partes por bilião.

Foi registada a letalidade das piretrinas e de alguns piretróides para os peixes (Mauck *et al.*, 1976). Há muito que os piretróides sintéticos são considerados extremamente tóxicos para os peixes (Kumaraguru e Bearish, 1981; Bradbury *et al.*, 1986). Os novos piretróides sintéticos têm baixa toxicidade para os mamíferos (Elliot *et al.*, 1978). Parker *et al.*, (1984) estudaram a toxicidade crónica e a avaliação da carcinogenicidade do fenvalerato em ratos machos. Singh *et al.*, (1983) estudaram a toxicidade de 29 insecticidas (piretróides e não piretróides) contra as larvas da lagarta pilosa, *Disctisia oblique* e a cipermetrina foi o mais tóxico dos insecticidas estudados. Verificou-se que a administração oral de cipermetrina produzia um stress oxidativo significativo nos tecidos cerebrais e hepáticos do rato (Giray *et al.*, 2001). O conhecimento sobre os estudos de toxicidade da deltametrina, um piretróide sintético versátil, especialmente durante a exposição subletal em peixes comerciais, está ainda por compreender.

Resultados

Foram apresentados os dados relativos à mortalidade de dez indivíduos, machos e fêmeas, de *Channa punctatus* em diferentes concentrações de deltametrina a 96 h de exposição (Tabelas - 1 & 2). Os dados mostram claramente que existe uma relação linear entre a percentagem de mortalidade dos peixes e a concentração de deltametrina. A taxa de sobrevivência foi reduzida acentuadamente com o aumento da concentração de deltametrina em cada período de exposição. A percentagem de mortalidade deste peixe de água doce a diferentes concentrações de deltametrina às 96 h, traçada contra a concentração logarítmica, deu origem a uma curva sigmoide, enquanto a mortalidade probit traçada contra a concentração logarítmica deu origem a uma linha reta. Assim, há pouca diferença nos valores LC50 obtidos através da percentagem de mortalidade, da mortalidade probit por métodos gráficos e do método Dragstedt - Behrens. Assim, os valores médios de CL50 às 96 h foram 0,1425 ppm e 0,1671 ppm, considerados como a CL50 da deltametrina para machos e fêmeas de *Channa punctatus*, respetivamente.

Quadro - 1: Percentagem e **probit** de **mortalidade** de *Channa punctatus* a diferentes concentrações de Deltametrina às 96 h de exposição.

N.º S	Concentração de Deltametrina ppm	Conc. de registo	N.º de peixes expostos	N.º de peixes vivos	N.º de peixes mortos	Percentagem de mortalidade	Mortalidade Probit
MACHO							
1	0.02	-1.699	10	10	0	0	-
2	0.04	-1.398	10	10	0	0	-
3	0.06	-1.222	10	9	1	10	3.72
4	0.08	-1.097	10	8	2	20	4.16
5	0.10	-1.000	10	7	3	30	4.48
6	0.12	-0.921	10	5	5	50	5.00
7	0.14	-0.854	10	4	6	60	5.25
8	0.16	-0.796	10	2	8	80	5.84
9	0.18	-0.745	10	1	9	90	6.28
10	0.20	-0.699	10	0	10	100	-
FEMININO							
1	0.02	-1.699	10	10	0	0	-
2	0.04	-1.398	10	10	0	0	-
3	0.06	-1.222	10	10	0	0	-
4	0.08	-1.097	10	9	1	10	3.72
5	0.10	-1.000	10	8	2	20	4.16
6	0.12	-0.921	10	7	3	30	4.48
7	0.14	-0.854	10	5	5	50	5.00
8	0.16	-0.796	10	4	6	60	5.25
9	0.18	-0.745	10	2	8	80	5.84
10	0.20	-0.699	10	1	9	90	6.28

Tabela - 2: LC50 média de machos e fêmeas de *Channa punctatus* em diferentes concentrações de Deltametrina em 96 h de exposição.

LC50 (ppm)

Sexo do peixe	Método da percentagem de mortalidade	Método de mortalidade Probit	Método Behrens	Drastedt LC50 médio (ppm)
MACHO				
Média	0.1200	0.1171	0.1904	0.1425
S.D. +	-	-	-	0.0066
FEMININO				
Média	0.1400	0.1393	0.2221	0.1671
S.D. +	-	-	-	0.0078

Comparação da LC50 média entre os sexos dos peixes.

	MACHO	FEMININO
Média	0.1425	0.1671
S.D. +	0.0066	0.0078
(variação em %)	-	(+17.26)
Teste t	-	P<0.01

S.D. +: Desvio padrão, P: Nível de significância

Discussão

A toxicidade pode ser definida como a potencialidade de um tóxico para afetar negativamente a atividade biológica de qualquer organismo. Os valores LC50 são muito mais elevados em 24 h e 48 h do que em 96 h de exposição (Pickering *et al.*, 1962; Kabeer Ahmed, 1979; Koundinya e Ramamurthy, 1980; Bashamohideen, 1986, 1987a). A este respeito, a maior parte das investigações, incluindo o presente estudo sobre os efeitos tóxicos dos pesticidas na fauna piscícola, preferiu a exposição de 96 h devido ao seu período relativamente mais longo com efeitos consistentes.

Na concentração letal, o tempo é insuficiente para avaliar as várias respostas fisiológicas e bioquímicas do animal experimental ao tóxico (Nobbs e Pearu, 1976; Hoppenheit, 1997). Estudos posteriores sobre a toxicidade aguda podem ter sérias limitações, como a possibilidade de ignorar a ocorrência de adaptação do animal testado à toxicidade imposta (Stockner e Autia, 1976). Perkin (1979) também considerou a necessidade de estudos de toxicidade subletal, que se revelam de grande valor prático devido ao facto de poderem ocorrer alterações distintas que envolvem a sequência de acontecimentos na resposta do animal de ensaio em concentrações subletais. Assim, cerca de um décimo do valor LC50 a 96 h, 0,01425ppm e 0,01671ppm foram considerados como concentrações subletais em machos e fêmeas, respetivamente, a fim de realizar mais trabalhos de investigação. Com o conhecimento do valor LC50, seria possível estabelecer limites toleráveis e concentrações seguras de tóxicos para a biota aquática e pode-se salvaguardar o ciclo biológico que tem uma aplicação profunda para a sobrevivência da vida no ambiente aquático e, em última análise, para uma melhor nutrição e saúde do homem que depende sempre da água para beber e da fauna piscícola para o consumo humano. Assim, este conhecimento sobre a toxicidade da deltametrina para o peixe de água doce *Channa punctatus* é útil para envolver o biodetector e avaliar a extensão da poluição aquática e o seu impacto na biota altamente útil da fauna piscícola do habitat aquático.

NOEL

Introdução

O nível sem efeitos observados (NOEL), que é uma concentração durante a exposição subletal do pesticida em que não há efeitos tóxicos significativos, foi observado por muitos trabalhadores. No caso de produtos químicos facilmente degradáveis emitidos a intervalos regulares, o risco ecológico pode ser relacionado com o tempo necessário para que a concentração do produto químico desça para um nível que não provoque efeitos em 95% das espécies (Van Straleen *et al.*, 1992). Recentemente, Bashamohideen (1997, 1999) apresentou as formas e os meios de medir o NOEL durante a exposição a pesticidas.

Resultados

O nível de efeito não observado (NOEL) da toxicidade do pesticida Deltametrina foi determinado através da estimativa de parâmetros fisiológicos básicos, como o consumo de oxigénio de *Channa punctatus* em meio de controlo (água doce sem Deltametrina) e em diferentes períodos de exposição subletal, como 24 h, 7 dias, 15 dias, 20 dias e 30 dias, em diferentes concentrações de Deltametrina. No peixe *Channa punctatus* não se observou qualquer efeito quando os peixes foram expostos a 0,001 ppm em comparação com 0,002 ppm e 0,003 ppm de deltametrina. Assim, 0,001 ppm foi considerado como a concentração de Deltametrina sem efeito observado (NOEL) (Quadro - 3) em ambos os sexos do peixe *Channa punctatus*.

Quadro - 3: **NOEL** (O_2 ml/g/h) nos indivíduos de *Channa punctatus* tratados com deltametrina em diferentes períodos de exposição subletal. A média e o desvio padrão são obtidos a partir de seis medições individuais. A alteração percentual do NOEL em diferentes períodos de exposição é calculada em relação ao nível no meio de controlo (água doce sem deltametrina). A percentagem de recuperação do nível de NOEL aos 30 dias de exposição é calculada em relação ao nível no meio de controlo, que é fixado em 100%.

S.N.	**Concentração de Deltametrina**	**Controlo**	**Períodos de exposição subletal**				
			24 h	**7 dias**	**15 dias**	**20 dias**	**30 dias**
MACHO							
1	**0,001 ppm**						
	Média	0.610	0.621	0.595	0.582	0.588	0.605
	S.D. +	0.029	0.028	0.019	0.019	0.021	0.022
	(variação em %)	-	(+1.80)	(-2.45)	(-4.59)	(-3.60)	(-0.81)
	% de recuperação	-	-	-	-	-	99.18
	Teste t	-	P<0.05	P<0.05	NS	NS	NS

2	**0,002 ppm**						
	Média	0.608	0.636	0.575	0.512	0.588	0.599
	S.D. +	0.025	0.031	0.016	0.014	0.021	0.021
	(variação em %)	-	(+4.60)	(-5.42)	(-15.78)	(-3.78)	(-1.48)
	% de recuperação	-	-	-	-	-	98.51
	Teste t	-	P<0.01	P<0.01	P<0.001	P<0.05	NS
3	**0,003 ppm**						
	Média	0.615	0.725	0.625	0.525	0.626	0.585
	S.D. +	0.022	0.032	0.030	0.025	0.029	0.022
	(variação em %)	-	(+17.88)	(+1.62)	(-14.63)	(+1.78)	(-4.87)
	% de recuperação	-	-	-	-	-	95.12
	Teste t	-	P<0.01	P<0.01	P<0.001	P<0.05	NS
FEMININO							
1	**0,001 ppm**						
	Média	0.595	0.607	0.580	0.565	0.570	0.578
	S.D. +	0.027	0.029	0.018	0.017	0.021	0.022
	(variação em %)	-	(+2.01)	(-0.84)	(-5.04)	(-4.20)	(-2.85)
	% de recuperação	-	-	-	-	-	97.14
	Teste t	-	P<0.01	NS	P<0.001	P<0.05	P<0.05
2	**0,002 ppm**						
	Média	0.591	0.618	0.565	0.502	0.534	0.562
	S.D. +	0.026	0.031	0.018	0.017	0.019	0.031
	(variação em %)	-	(+4.56)	(-4.39)	(-15.05)	(-9.6)	(-4.9)
	% de recuperação	-	-	-	-	-	95.09
	Teste t	-	P<0.01	P<0.01	P<0.001	P<0.05	NS
3	**0,003 ppm**						
	Média	0.610	0.720	0.620	0.520	0.621	0.575
	S.D. +	0.032	0.035	0.031	0.027	0.029	0.025
	(variação em %)	-	(+18.03)	(+1.63)	(-14.75)	(+1.80)	(-5.73)
	% de recuperação	-	-	-	-	-	94.26
	Teste t	-	P<0.01	P<0.01	P<0.001	P<0.05	NS

S.D. +: Desvio-padrão, P: Nível de significância, NS: Não-significativo

Discussão

O nível sem efeitos observados (NOEL) é uma dose determinada experimentalmente para a qual não se registaram indicações estatística ou biologicamente significativas do efeito tóxico. Numa experiência com vários NOEL, o foco regulamentar é normalmente o mais elevado, o que leva à utilização comum da forma NOEL como a dose mais elevada determinada experimentalmente sem um efeito significativo.

Na presente investigação, com diferentes concentrações seguras de deltametrina para *Channa punctatus,* a concentração de 0,001 ppm é considerada NOEL, em que as alterações no consumo de oxigénio de todo o peixe durante um período de 30 dias foram praticamente consideradas não significativas e, por conseguinte, negligenciáveis. O valor de 0,001 ppm para *Channa punctatus* é útil e necessário para calcular o índice de perigo (HI), a dose diária admissível (DDA) e é estabelecido seleccionando o NOEL mais baixo obtido a partir de experiências científicas e dividindo-o pelo fator de incerteza. A política atual emprega um fator de 100 para ter em conta as incertezas envolvidas na extrapolação do animal para o homem (Rodricks e Taylors, 1983). A este respeito, na Índia, Raizada e Srivastava (1993) fizeram uma avaliação da classificação do perigo dos pesticidas com base na toxicidade oral aguda (valor LD_{50}) e nos respectivos valores de ingestão diária aceitável (DDA).

Além disso, o NOEL é diferente para diferentes pesticidas e espécies de populações de peixes. Assim, poucas investigações determinaram o NOEL, na medida em que Shanawaz (1996) registou um NOEL mais baixo (0,001 ppm) para o piretróide sintético fenvalerato no caso da carpa indiana *Catla catla* e Onnurappa (1986) observou valores mais elevados de 0,1 ppm para *Sarotherodon mossambicus relativamente* a um pesticida organofosforado fosfomidão. Recentemente, Abdul Subhan (2000) confirmou que a concentração NOEL do fenvlerato na carpa maior indiana *Catla catla* é de 0,001 ppm, tal como indicado anteriormente por Shanawaz (1996). De forma semelhante, Latha Charles (2000) também investigou a determinação da concentração de segurança e comunicou um valor de 0,2 ppm para o malatião na carpa comum *Cyprinus carpio*. Assim, o valor mais baixo de NOEL, 0,001 ppm, para a deltametrina em *Channa punctatus* neste estudo indica que a avaliação regular dos riscos do piretróide sintético deltametrina se baseia na premissa de que uma substância química não causará danos a um organismo ou a um ecossistema se a sua concentração for inferior ao NOEL, sendo por isso designada por concentração sem efeitos observados (NOEC).

IV. RESPOSTAS RESPIRATÓRIAS

CONSUMO DE OXIGÉNIO NO DECURSO DO TEMPO

Introdução

Perante o stress ambiental imposto, os peixes respondem fisiologicamente à exposição ao pesticida, a factores térmicos, osmóticos ou outros, dividindo-se em dois tipos: (a) respostas imediatas (a curto prazo), que ocorrem imediatamente após a transferência do animal para o meio de stress; (b) respostas constantes (a longo prazo), que ocorrem após a exposição prolongada do animal ao meio de stress, de dias a muitas semanas (Grainger, 1958; Kinne, 1958; Parvatheswar Rao, 1968a; Bashamohideen, 1982, 1984, 1986, 1987a,b,c). As respostas a curto prazo podem indicar um aumento ou uma diminuição abrupta da atividade respiratória. As respostas a longo prazo envolvem a recuperação da estabilização gradual da taxa de respiração, devido à adaptação completa do animal ao meio de stress. Foram realizados mais trabalhos sobre este tipo de stress relativamente à temperatura (Parvatheswara Rao, 1968a; Kunnemann e Bashamohideen, 1976; Bashamohideen *et al.*, 1988), mas relativamente à poluição por pesticidas foram realizados muito poucos trabalhos (Fingerman *et al.*, 1981; Prasad e Bashamohideen, 1985).

As flutuações nas reacções fisiológicas indicam o estado geral do animal, uma vez que os poluentes fazem a sua entrada através da superfície respiratória nos animais aquáticos, a primeira função fisiológica a ser afetada é a taxa de respiração. Os possíveis efeitos dos pesticidas e das substâncias tóxicas são propostos pelo Dr. John Couch sobre o sistema biológico num modelo concetual (Dukes e Dumas, 1974), que descreveu o possível impacto do stress sobre as alterações biológicas, desde (1) o estado estacionário normal até ao estado de compensação (2) desde o estado de compensação até à morte, o efeito adverso dos pesticidas pode ser temporário ou permanente, modificado para tornar os mecanismos homeostáticos incapazes de manter o estado estacionário alterado. Uma dose aguda de pesticida pode fazer com que o sistema biológico oscile para além da sua gama normal de variação, mas, com o passar do tempo, pode regressar ao estado normal sem sofrer efeitos duradouros. Este estado de compensação foi referido por Coppage e Duke em 1972. A atividade da AChE no cérebro dos peixes voltou ao normal quarenta dias após a aplicação de malatião, quando este foi aplicado por via aérea para controlar os mosquitos vectores.

No peixe-gato *Clarias batrachus*, que respira no ar, as enzimas desintoxicantes dos microssomas do fígado e das brânquias aumentaram sob exposição subletal ao malatião após trinta dias, o que mostra que os órgãos estão a recuperar lentamente (Mukhopadhyay e Dehadri, 1978). A supressão do consumo de oxigénio nas carpas principais foi recuperada após trinta dias de exposição ao malatião (Subba Rao, 1980; Parvathi, 1982). Foi registado um aumento inicial do consumo de O_2 em *Labeo rohita* (Rafi Ahmed, 1987; Bashamohideen e Nisar Ahmed, 1989) e também em *Sarotherodon mossambicus* (Jayanth Rao, 1982). Dados flutuantes sobre o consumo de O_2 durante a exposição subletal a pesticidas também foram recentemente registados em populações de peixes (Malla Reddy e Basha Mohideen, 1995; Radha Krishna e Prasad, 1994). Basha Mohideen (1999) demonstrou claramente a diferenciação entre o stress da poluição e a adaptação à poluição nas principais carpas indianas em relação aos insecticidas organofosforados. A truta arco-íris pré-exposta ao cianeto provocou uma sensibilização inicial dos peixes, que recuperaram, em 21 dias, uma tolerância igual à dos peixes de controlo (Dixon e Sprague, 1981). Foi relatado um fenómeno semelhante para a resposta de crescimento da truta arco-íris (Dixon e Leduc, 1981) e do ciclídeo *Cichiasoma limasulatum,* conforme relatado por Leduc (1966a). Contudo, em ambos os casos, a depressão inicial da taxa de crescimento específico desapareceu após 10 a 14 dias de exposição ao cianeto.

Os estudos são de importância considerável para indicar a sequência de acontecimentos que conduzem a mecanismos de compensação nos peixes. Os trabalhos sobre estes aspectos são muito escassos, no que se refere a peixes importantes de água doce sujeitos ao stress da poluição causada por pesticidas. Além disso, estudos desta natureza também indicam os níveis de poluição da água que são aceitáveis para a exposição a longo prazo dos organismos aquáticos em geral e da ictiofauna em particular.

Resultados

Os dados relativos à evolução temporal da taxa de consumo de oxigénio em machos e fêmeas de *Channa punctatus* durante a exposição à concentração subletal de deltametrina, para além do controlo, são apresentados (Quadro 4) para comparação.

Tabela - 4: Consumo de O2 ao longo do **tempo** (O_2 ml/g/h) nos indivíduos de *Channa punctatus* tratados com deltametrina em diferentes períodos de exposição subletal. A média e o desvio padrão são obtidos a partir de seis medições individuais.

Curso de tempo O_2 **Consumo**	**Controlo**	**Período de exposição em dias**														
		1	**2**	**3**	**4**	**5**	**6**	**7**	**8**	**9**	**10**	**11**	**12**	**13**	**14**	**15**
MACHO																
Média	0.351	0.482	0.464	0.445	0.422	0.371	0.340	0.315	0.310	0.302	0.296	0.291	0.282	0.278	0.272	0.269
S.D. +	0.012	0.016	0.015	0.014	0.014	0.012	0.014	0.013	0.009	0.010	0.007	0.009	0.008	0.011	0.007	0.012
		16	**17**	**18**	**19**	**20**	**21**	**22**	**23**	**24**	**25**	**26**	**27**	**28**	**29**	**30**
		0.274	0.279	0.284	0.289	0.295	0.299	0.303	0.309	0.318	0.322	0.324	0.327	0.331	0.333	0.336
		0.015	0.016	0.014	0.013	0.014	0.017	0.018	0.018	0.019	0.014	0.012	0.013	0.014	0.014	0.015
FEMININO																
		1	**2**	**3**	**4**	**5**	**6**	**7**	**8**	**9**	**10**	**11**	**12**	**13**	**14**	**15**
Média	0.349	0.480	0.462	0.443	0.420	0.370	0.338	0.313	0.308	0.300	0.294	0.289	0.280	0.276	0.270	0.267

S.D. +	0.011	0.015	0.014	0.013	0.014	0.012	0.013	0.013	0.010	0.010	0.009	0.010	0.009	0.011	0.009	0.013
		16	**17**	**18**	**19**	**20**	**21**	**22**	**23**	**24**	**25**	**26**	**27**	**28**	**29**	**30**
		0.272	0.277	0.282	0.287	0.293	0.297	0.301	0.307	0.316	0.320	0.322	0.325	0.329	0.330	0.333
		0.014	0.016	0.014	0.012	0.013	0.017	0.017	0.018	0.019	0.014	0.013	0.013	0.015	0.014	0.016

S.D. +: Desvio padrão

Nos machos de peixe de água doce, *Channa punctatus,* em relação ao controlo, a taxa de consumo de oxigénio aumentou inicialmente às 24 horas e diminuiu depois dos períodos de exposição de 7 e 15 dias. Assim, a supressão percentual do consumo de oxigénio foi progressiva a partir dos 7th dias e atingiu a supressão percentual máxima ($P<0,001$) aos 15 dias de exposição. Mais para o fim dos 30 dias de exposição, verificou-se um aumento do consumo de oxigénio a partir da supressão máxima inicial e aproximou-se do controlo, tendo sido observados resultados semelhantes também nas fêmeas. Assim, ambos os sexos de *Channa punctatus* apresentaram uma recuperação bastante boa do seu consumo de oxigénio no final do período de exposição de 30 dias.

Discussão

O parâmetro fisiológico vital que é geralmente utilizado para avaliar o metabolismo de um animal é a respiração. O estado fisiológico de um animal seria adequadamente avaliado pela taxa de consumo de oxigénio. A primeira atividade fisiológica a ser afetada é o consumo de oxigénio nos animais aquáticos. As variações no consumo de oxigénio podem ser explicadas pela modulação do estado metabólico do animal (Natrajan, 1980; Bashamohideen, 1984). A taxa de consumo de oxigénio é invariavelmente considerada como um bom índice da atividade fisiológica global e um indicador do stress fisiológico do animal.

Na presente investigação, a taxa de consumo de oxigénio aumentou inicialmente no período de 24 horas em relação ao seu nível no controlo durante a exposição subletal tanto em machos como em fêmeas de *Channa punctatus*. A supressão do consumo de oxigénio dos peixes em exposições subletais posteriores verificou-se ao longo de 7 dias e atingiu a percentagem máxima de supressão aos 15 dias. A inibição do consumo de oxigénio é observada a partir do período de exposição subletal de 7 dias. A elevação inicial do consumo de oxigénio às 24 horas de exposição deve-se ao aumento da atividade locomotora resultante da tendência do animal para fugir do novo meio, que é um meio de stress, situação a que se chama "reação de fuga" do animal (Potts, 1954; Grass, 1957; Bashamohideen e Parvatheswara Rao, 1972).

Foi registada uma tendência semelhante na evolução temporal da taxa de consumo de oxigénio em *Catla catla exposta* a uma concentração subletal de deltametrina (Nisar Ahmed, 1994), em *Catla catla* exposta a uma concentração subletal de fenvalerato (Shah Nawaz, 1996), em *Labeo rohita exposta a uma concentração subletal* de Nuvan (Giridhar, 1997), em *Cyprinus carpio* exposta ao malatião (Latha Charles, 2000) e em *Catla catla* exposta ao fenvalerato (Abdul subhan,

2000) coincidiram com a tendência atual da taxa de consumo de oxigénio.

Observou-se uma inibição do consumo de oxigénio em ambos os sexos de *Channa punctatus* durante o período de exposição de 7 dias, registando-se assim uma supressão percentual máxima no período de exposição de 15 dias. Mas, durante o período de exposição de 30 dias, o consumo de oxigénio aumentou gradualmente a partir da sua inibição percentual máxima anterior no período de 15 dias. Assim, a supressão no consumo de oxigénio foi removida e os peixes recuperaram dos efeitos tóxicos da deltametrina no final do período de 30 dias e o consumo de oxigénio aproximou-se do meio de controlo, indicando que estes peixes têm a capacidade de compensar o stress da poluição, resultante da exposição subletal à deltametrina, muito provavelmente através do aumento da ativação de enzimas desintoxicantes que provocam a biodegradação do piretróide sintético deltametrina. De um modo geral, estas conclusões sobre a evolução temporal do consumo de oxigénio, ou seja, a taxa de consumo de oxigénio dos peixes durante a exposição subletal à deltametrina, podem ser atribuídas, em última análise, aos mecanismos de compensação propostos por John Couch no seu modelo concetual (Duke e Dumas, 1974), segundo o qual um pesticida pode ser considerado como tendo um efeito adverso se alterar temporária ou permanentemente o estado estacionário normal de um determinado sistema biológico de tal forma que torne os mecanismos homeostáticos (mecanismos de compensação) incapazes de manter um estado estacionário alterado aceitável.

Assim, no presente estudo, a deltametina pode causar um sistema fisiológico, o consumo de oxigénio dos machos e das fêmeas de *Channa punctatus* oscila fora da sua gama normal de variações, na sua maioria supressivas, mas com o tempo, o consumo de oxigénio pode voltar ao estado normal sem sofrer efeitos duradouros de um pesticida numa população de peixes, o que foi sugerido por Coppage e Duke (1972), onde a atividade da AChE voltou ao normal 40 dias após a aplicação do pesticida.

CONSUMO DE OXIGÉNIO DO ANIMAL INTEIRO

Introdução

O stress ambiental difere de uma pessoa para outra. O stress ambiental, incluindo o stress causado pela poluição, divide-se principalmente em duas categorias. Respostas imediatas ou a curto prazo, nas quais se verifica um aumento ou uma diminuição abrupta da atividade respiratória, e respostas a longo prazo, que envolvem uma estabilização gradual da frequência respiratória. A estabilização da frequência respiratória resulta de uma exposição prolongada do animal ao stress da poluição (Bashamohideen e Kunnemann, 1979), que fornece informações sobre a natureza e a conclusão da adaptação do animal ao meio de stress, com alterações que são geralmente recuperáveis na sua natureza.

As variações na taxa de consumo de oxigénio são um bom indicador do stress causado pela poluição. Os peixes têm a capacidade de se adaptar aos poluentes, o que é apoiado por várias evidências na literatura disponível, na medida em que um modelo concetual dos possíveis efeitos dos pesticidas e de outras substâncias venenosas é proposto por John Couch como sistemas biológicos (Duke e Dumas, 1974). A capacidade da população de peixes para compensar o efeito do pesticida malatião foi demonstrada por Coppage e Duke (1972). O aumento do tempo de resistência a um nível letal de amoníaco foi demonstrado pelo *Salmo gairdneri* por Lloyd e Orr (1969).

A taxa de consumo de oxigénio é um indicador muito sensível da poluição por pesticidas. Durante os últimos anos, foram efectuados muitos trabalhos nesta linha de abordagem, com referência a concentrações letais e subletais de pesticidas em organismos marinhos, incluindo peixes (Vernberg e Vernberg, 1972; Vernberg *et al.,* 1978). Foram efectuados muitos trabalhos sobre estudos de evolução temporal relativos a pesticidas (Indira, 1985; Obilesu, 1985; Prasad, 1986; Ramanadevi, 1987; Nisar Ahamed, 1994; Giridhar, 1997).

Não foram feitas outras tentativas no peixe comestível de importância económica *Channa punctatus* em estudos de curso temporal de exposição subletal à deltametrina que indiquem eventos que conduzam a mecanismos compensatórios. Devem ser efectuados estudos para determinar níveis aceitáveis de poluição da água que facilitem a exposição a longo prazo da fauna piscícola, que constitui a principal população aquática.

É bem sabido que os insecticidas entram em grande parte através das brânquias dos peixes (Premadas e Anderson, 1963; Ferguson e Good Year, 1967; Holden, 1970; Anderson, 1982). A taxa de consumo de oxigénio é invariavelmente considerada como um bom índice da atividade fisiológica global e um indicador do stress fisiológico do animal, sendo este índice fisiológico fácil de obter em laboratório. O stress provocado pela poluição devido a metais pesados (Calabrese *et al.,* 1977), efluentes de fábricas de pasta de papel (Davis, 1975), hidrocarbonetos (Percy, 1977), bem como o stress ambiental provocado por factores abióticos como a temperatura e a salinidade (Kinne, 1964a; Parvatheswara Rao, 1972 a,b; Vernberg e Vernberg, 1972), permitiram medir o consumo de oxigénio em laboratório.

Nos peixes, os compostos organofosforados inibem a respiração de todo o animal e dos tecidos (Hunter *et al.,* 1967; Hiltibran, 1974; Parvathi, 1982). A diminuição do consumo de oxigénio está associada a danos morfológicos nas brânquias causados pelos pesticidas (Bayne *et al.,* 1980; Parvathi, 1982; Bashamohideen, 1986).

Bashamohideen *et al.,* (1987) relataram que o malatião e o metilparatião reduziram o consumo de oxigénio do peixe *Tilapia.* Para contrariar esta situação, os peixes apresentaram duas fases importantes na dinâmica do consumo de oxigénio, ou seja, as fases de stress e de adaptação. A observação de flutuações com um aumento inicial e um declínio subsequente também foi registada no peixe *Sarotherodon mossambicus* durante a exposição subletal a um inseticida Ekaluk 25EC (Radhakrishnan e Prasad, 1994). O DDT também suprimiu o metabolismo padrão de peixes de água doce como *Cirrhinus mrigala, Labeo rohita e Colisa fasciata* (Peer Mohammed *et al.,* 1978).

A exposição de *Oreochromis mossambicus* a níveis subletais de um pesticida organofosforado Ekaluk mostrou uma recuperação completa da contagem de hemácias, ou seja, uma recuperação do consumo de oxigénio após uma exposição subletal prolongada (Sampath *et al.,* 1993). As variações no consumo de oxigénio podem ser um indicador da modulação do estado metabólico do animal (Natrajan, 1980). Na observação dos estudos acima referidos, foi feita uma tentativa com machos e fêmeas de *Channa Punctatus, um* peixe comestível economicamente importante, para estudar as modulações no consumo de oxigénio de peixes inteiros com referência aos efeitos subletais da deltametrina.

Resultados

Os dados da taxa de consumo de oxigénio em machos e fêmeas de *Channa punctatus* às 24 h, 7, 15, 20 e 30 dias de exposição à concentração subletal de deltametrina para além do controlo são apresentados (Quadro - 5) para comparação.

Quadro - 5: Consumo de oxigénio do animal inteiro (**O2** ml/g/h) nos indivíduos de *Channa punctatus* tratados com deltametrina em diferentes períodos de exposição subletal. A média e o desvio padrão são obtidos a partir de seis medições individuais. A alteração percentual do consumo de oxigénio em diferentes períodos de exposição é calculada em relação ao nível no meio de controlo (água doce sem deltametrina). A percentagem de recuperação do nível de consumo de oxigénio aos 30 dias de exposição é calculada em relação ao nível do meio de controlo, que é fixado em 100%.

Consumo de oxigénio	Controlo	Períodos de exposição subletal				
		24 h	**7 dias**	**15 dias**	**20 dias**	**30 dias**
MACHO						
Média	0.351	0.482	0.315	0.269	0.295	0.336
S.D. +	0.012	0.016	0.010	0.008	0.009	0.013
(variação em %)	-	(+37.32)	(10.25)	(-23.36)	(15.95)	(-4.27)
% de recuperação	-	-	-	-	-	95.72
Teste t	-	P<0.001	P<0.01	P<0.001	P<0.05	NS
FEMININO						
Média	0.345	0.470	0.309	0.260	0.291	0.328
S.D. +	0.011	0.015	0.011	0.009	0.009	0.014
(variação em %)	-	(+36.23)	(10.43)	(-24.63)	(15.65)	(-4.92)
% de recuperação	-	-	-	-	-	95.07
Teste t	-	P<0.001	P<0.01	P<0.001	P<0.01	P<0.05

S.D. +: Desvio-padrão, P: Nível de significância, NS: Não-significativo

Nos machos e nas fêmeas do peixe *Channa punctatus*, em relação ao controlo, a taxa de consumo de oxigénio aumentou inicialmente às 24 horas e diminuiu depois dos períodos de exposição de 7 e 15 dias. Assim, a supressão percentual do consumo de oxigénio foi progressiva aos 7th dias e atingiu a supressão percentual máxima (P<0,001) aos 15 dias. Mais para o final dos

30 dias de exposição, verificou-se um aumento do consumo de oxigénio a partir da supressão máxima anterior e aproximou-se do controlo em ambos os sexos de machos e fêmeas de *Channa punctatus*, que apresentaram uma recuperação bastante boa do seu consumo de oxigénio no final do período de exposição de 30 dias.

Discussão

As alterações respiratórias são bons indicadores do estado geral de um animal e têm sido relacionadas com vários factores ambientais, como a fome, a temperatura, a salinidade e a poluição (Thurberg *et al.*, 1974; Jadhav e Lomita, 1982; Radhakrishnaiah e Parvatheswara Rao, 1982). Por conseguinte, o consumo de oxigénio indica a taxa metabólica de um organismo.

A elevação inicial do consumo de oxigénio às 24 horas de exposição pode dever-se a um aumento da atividade de locomoção resultante da tendência do animal para fugir do meio de stress, situação que é designada por "reação de fuga" do animal, sugerida por Potts (1954), Grass (1957), Bashmohideen e Parvatheswara Rao (1972). Sambasiva Rao *et al.* (1981) consideram que a elevação inicial do consumo de oxigénio pode dever-se a uma resposta súbita do peixe à toxicidade iminente e que o animal pode também tentar ajustar-se a um novo estado estável do metabolismo (Jawale, 1985). A elevação inicial do consumo de oxigénio foi apoiada pelas observações de Prasad e Bashmohideen (1985), Indira (1985), Obilesu (1985), Prasad (1986), Ramana Devi (1987), Dhanunjaya (1990), Syed Amanullah (1992), Prasada Charyulu (1993), Nisar Ahmed (1994), Latha Charles (2000), Giridhar (1997, 2002) e Abdul Subhan (2000).

Além disso, foi também assinalado um aumento inicial significativo semelhante do consumo de oxigénio em *Channa punctatus* exposta a cloreto de mercúrio (Singh Alaknanda, 1994), em *Oreochromis mossambicus* exposta a uma concentração subletal de águas residuais (Archana *et al*, 1998), em *Labeo rohita* exposta a monocrotofos, DDT e BHC (Rajamannar e Manohar, 1992, 1998b) e em *Oreochromis mossambicus* exposta ao endossulfão (Devi Setharanyam, 2000) também estavam em consonância com a presente elevação inicial do consumo de oxigénio.

Após 24 h, verificou-se uma diminuição progressiva do consumo de oxigénio durante o período de exposição de 7 dias e a percentagem máxima de inibição foi observada no período de exposição de 15 dias. Basha *et al.*, (1984) e Ramana Devi (1987) referiram que, embora inicialmente se tenha verificado um aumento do consumo de oxigénio, logo se seguiu uma diminuição da taxa que coincide com o aumento inicial e a diminuição do consumo de oxigénio aos 7 e 15 dias. Bradbury *et al.* (1986) registaram uma diminuição do consumo de oxigénio na truta arco-íris após exposição ao fenvalerato. Malla Reddy (1991) também registou uma diminuição significativa da taxa de consumo de oxigénio em *Cyprinus carpio* exposto tanto ao fenvalerato como à cipermetrina. Foi também registada uma situação semelhante em *Macrognathus aculeatum* e *Anabas scandens* expostos ao endosulfan (Rao *et al.*, 1981) e ao sumithion (Natrajan, 1980), o que está em consonância com a diminuição do consumo de oxigénio.

O consumo de oxigénio aumentou inicialmente para suportar as actividades fisiológicas em habitat stressante e depois diminuiu, o que pode dever-se à acumulação de muco nas brânquias ou a problemas respiratórios (Koundinya e Ramamuthy, 1980; Prabhakar *et al.*, 1993).

Os relatórios acima referidos foram também corroborados pela presente diminuição do consumo de oxigénio. Além disso, foram já registadas perturbações do metabolismo oxidativo em caso de toxicidade da cipermetrina para a *Tilapia mossambica* (Reddy e Yellamma, 1991) e *Labeo rohita* (Sridevi, 1992). Foi observada a secreção de uma camada de muco sobre a lamela branquial durante o stress. A coagulação do muco nas brânquias provocou a destruição de vários processos importantes, como as trocas gasosas, a excreção de azoto, o equilíbrio salino e a circulação do sangue (Skidmore, 1970). A taxa de consumo de oxigénio foi suprimida em períodos de exposição como 7 e 15 dias. No entanto, a percentagem de supressão do consumo de oxigénio não é consistente com o aumento do tempo de exposição subletal à deltametrina. Assim, a supressão percentual máxima do consumo de oxigénio foi observada no período intermédio (15 dias) da exposição de 30 dias. Mas verificou-se um aumento progressivo do consumo de oxigénio no período de exposição de 30 dias a partir da sua supressão anterior.

Às 24 horas, o animal pode ter sofrido o stress da carga de pesticidas, o que leva a que o animal adapte lentamente a sua via metabólica ao encontro dos pesticidas presentes no meio aquático. Esta tendência reflecte a adaptação ao stress. Às 24 horas de exposição, o animal esforça-se por superar o stress da poluição. Os períodos de 7 e 15 dias reflectem tanto a fase de stress como a fase de adaptação, indicando um fenómeno intermédio. Assim, verifica-se uma boa recuperação do consumo de oxigénio dos peixes no período de exposição de 30 dias à deltametrina. Assim, a razão entre o consumo de oxigénio dos machos e das fêmeas da espécie *Channa punctatus* parece servir como um bom indicador da poluição por pesticidas que afectaria os processos fisiológicos e bioquímicos dos peixes. Através destas variações no consumo de oxigénio, o animal está em vias de se adaptar ao stress da deltametrina.

Estes resultados relativos ao consumo de oxigénio indicaram que a *Channa punctatus,* tanto os machos como as fêmeas, sofrem mecanismos de compensação que conduzem à homeostase através da variação da taxa metabólica durante a exposição subletal à deltametrina e, em última análise, estas variações no consumo de oxigénio podem ser atribuídas e beneficiar dos mecanismos de compensação propostos por Lloyd e Orr (1969), Coppage e Duke (1972), John Couch (1974) e Dixon e Sprague (1981). Estes mecanismos de compensação nos estudos supramencionados, incluindo o presente estudo, poderiam ser possíveis, provavelmente devido à ativação do pesticida para reduzir a sua toxicidade através da recuperação de uma supressão anterior, tendo este mecanismo de desintoxicação sido referido por Mukhopadhyay e Dehadri (1978).

V. ESTUDOS HEMATOLÓGICOS

Introdução

Os estudos sobre a hematologia dos peixes ganharam ímpeto nos últimos anos, dada a sua importância na avaliação do estado dos peixes e das suas reacções às alterações ambientais (Bayne *et al.*, 1980). As alterações hematológicas nos peixes em função da salinidade, da tensão de oxigénio ou de dióxido de carbono e da migração foram investigadas por vários trabalhadores (Brown, 1957). Nos peixes, os parâmetros hematológicos variam sob stress (Chandramohan *et al.*, 1980), com o peso e o comprimento em *Tilapia* e *Ophiocephalus* (Pradhan, 1961) e com o peso e a estação (Khan, 1980; Luckey, 1977). Sampath *et al.* (1998) referiram que o sangue nas brânquias dos peixes está em contacto direto com o meio aquático e que qualquer alteração favorável da água pode refletir-se no sistema circulatório. Estes estudos podem ser utilizados para indicar o estado de saúde dos peixes, bem como a qualidade da água. A hematologia dos peixes tem atraído nova atenção no que respeita à sua fisiologia básica e também à sua resposta ao ambiente (Rao e Behere, 1973; Duke e Dumas, 1974; Raizada e Singh, 1982 e Siddique *et al.*, 1984). Para além disso, a relação sistemática e as adaptações fisiológicas, incluindo a avaliação das condições gerais de saúde dos animais, são determinadas utilizando os valores hematológicos (Atkinson e Judd, 1978).

Existem muitos trabalhos efectuados e extensas revisões disponíveis sobre a hemoglobina e as funções respiratórias do sangue dos peixes (Redfield, 1938; Krough, 1941; Manwell, 1960). Poucos trabalhadores estudaram parâmetros hematológicos em peixes envenenados por pesticidas. Segundo Kennedy et al. (1970), a aplicação de 0,02 ou 0,002 ppm de malatião em lagos não afectou significativamente os valores do micro-hematócrito do peixe-rabo-azul *Laponis macrochirus* e do peixe-gato, *Ictalurus punctatus.* No entanto, o tratamento subletal (0,5 ppm) com paratião reduziu o hematócrito, o número de eritrócitos e de leucócitos no sangue de camarão dourado, *Notanigonus ervsolecars* (Buhler, 1966). Existem provas documentais que demonstram que, noutros animais, a exposição a insecticidas provoca uma redução dos glóbulos vermelhos, dos glóbulos brancos e de outros parâmetros hematológicos (Gladenko e Malinin, 1970: Evdokima, 1974: Karpenko, 1975). Do mesmo modo, a exposição ao sumathion e à sevin diminui os valores sanguíneos, como o número de glóbulos vermelhos, o volume de leucócitos e a concentração de hemoglobina em *Sarotherodon mossambicus* (Koundinya e Ramamurthy, 1979). Mahajan e Dheer (1980) mostraram que as mudanças na população relativa de certos tipos de células no sangue periférico dos peixes, particularmente neutrófilos, trombócitos e eritrócitos, quando considerados em conjunto, podem servir como uma indicação de stress poluente a níveis subletais, mesmo que não haja mortalidade.

Sabe-se também que a taxa de consumo de O_2 de peixes inteiros varia com o número de eritrócitos presentes e que as hemácias são responsáveis por 90% da absorção de O_2 nos peixes

(Lagler *et al.,* 1977). Foi observada uma diminuição do número total de eritrócitos no peixe-gato, *Clarias batrachus,* sujeito a exposição crónica ao malatião (Mandal e Kulshrestha, 1983).

Apesar do enorme trabalho de investigação sobre a toxicidade dos pesticidas nos peixes, os trabalhos sobre as alterações hematológicas dos peixes sob o impacto dos pesticidas parecem ter-se debruçado apenas sobre os organoclorados e os piretróides sintéticos. Os pesticidas organoclorados, como o DDT e a dialdrina, demonstraram induzir anemia sob a forma de uma baixa contagem de eritrócitos, que coincidiu com a presente investigação, e um baixo teor de Hb no caso do peixe de água doce *Channa punctatus* (Khalid e Javid, 1978). Malla Reddy e Bashamohideen (1989) observaram que o fenvalerato e a cipermetrina induziam alterações nos parâmetros hematológicos em *Cyprinus carpio.* Nath *et al.,* (1996) observaram alterações nos parâmetros hematológicos em peixes respiradores de ar, *Heteropneustes fossilis,* sujeitos a concentrações subletais de fenvalerato. Sampath *et al.,* (1993) referiram que a parede celular dos eritrócitos se danificava gravemente e adquiria uma forma irregular e que o número de eritrócitos também diminuía em *Oreochromis mossambicus* submetido a toxicidade por zinco. Outros estudos deste tipo, especialmente em peixes comerciais, tanto machos como fêmeas, com referência a um pesticida persistente, poderiam contribuir para controlar a poluição numa fase em que são possíveis medidas correctivas.

Resultados

Contagem de hemácias

Os dados relativos ao número de glóbulos vermelhos (RBC) em milhões/mm^3 em diferentes períodos de exposição subletal como 24 h, 7 dias, 15 dias, 20 dias e 30 dias incluindo o meio de controlo em machos e fêmeas de *Channa punctatus* são apresentados no Quadro - 6. A contagem de hemácias diminui em diferentes exposições subletais de deltametrina. Verifica-se um aumento do número de glóbulos vermelhos a partir do seu decréscimo máximo anterior aos 15 dias e que se aproxima do valor de controlo aos 30 dias de exposição, com uma recuperação bastante boa, o que indica a capacidade de adaptação dos machos e das fêmeas de *Channa punctatus* durante a exposição subletal à deltametrina.

Tabela - 6: **Contagem de hemácias** (milhões/mm^3) nos indivíduos de *Channa punctatus* tratados com deltametrina em diferentes períodos de exposição subletal. A média e o desvio padrão são obtidos a partir de seis medições individuais. A alteração percentual na contagem de hemácias em diferentes períodos de exposição é calculada em relação ao nível no meio de controlo (água doce sem deltametrina). A percentagem de recuperação do nível de contagem de hemácias aos 30 dias de exposição é calculada em relação ao nível no meio de controlo, que é fixado em 100%.

Contagem de hemácias	**Controlo**	**Períodos de exposição subletal**				
		24 h	**7 dias**	**15 dias**	**20 dias**	**30 dias**
MACHO						
Média	3.96	5.95	3.59	2.41	3.45	3.72

S.D. +	0.416	0.821	0.525	0.471	0.396	0.451
(variação em %)	-	(+50.25)	(-9.34)	(-39.14)	(12.87)	(-6.06)
% de recuperação	-	-	-	-	-	93.93
Teste t	-	P<0.001	P<0.05	P<0.01	P<0.01	P<0.05
FEMININO						
Média	3.56	5.25	3.35	2.19	3.12	3.25
S.D. +	0.407	0.810	0.495	0.389	0.395	0.446
(variação em %)	-	(+47.47)	(-5.89)	(-38.48)	(12.35)	(-8.70)
% de recuperação	-	-	-	-	-	90.44
Teste t	-	P<0.001	P<0.05	P<0.001	P<0.01	P<0.05

S.D. +: Desvio padrão, P: Nível de significância

Contagem de leucócitos

As variações na contagem de leucócitos em diferentes períodos de exposição subletal em machos e fêmeas de *Channa punctatus* estão documentadas no Quadro - 7. As variações na contagem de leucócitos mostraram uma tendência inversa às alterações da contagem de leucócitos, indicando uma relação inversa entre a contagem de leucócitos e a contagem de leucócitos com um aumento máximo aos 15 dias de exposição. No entanto, na segunda metade do período de exposição subletal, os leucócitos diminuíram lentamente ao longo dos 20 e 30 dias de exposição, com os valores a regressarem aos níveis de controlo, com um grau de recuperação bastante bom na contagem de leucócitos nos machos do que nas fêmeas.

Tabela - 7: **Contagem de leucócitos** (milhões/mm^3) nos indivíduos de *Channa punctatus* tratados com deltametrina em diferentes períodos de exposição subletal. A média e o desvio padrão são obtidos a partir de seis medições individuais. A alteração percentual na contagem de leucócitos em diferentes períodos de exposição é calculada em relação ao nível no meio de controlo (água doce sem deltametrina). A percentagem de recuperação do nível de contagem de leucócitos aos 30 dias de exposição é calculada em relação ao nível no meio de controlo, que é fixado em 100%.

Contagem de leucócitos	**Controlo**	**Períodos de exposição subletal**				
		24 h	**7 dias**	**15 dias**	**20 dias**	**30 dias**
MACHO						
Média	5.28	3.75	4.45	6.25	4.95	5.19
S.D. +	0.385	0.515	0.310	0.406	0.317	0.310
(variação em %)	-	(-28.97)	(-15.71)	(+18.37)	(-6.25)	(-1.70)
% de recuperação	-	-	-	-	-	98.29
Teste t	-	P<0.001	P<0.001	P<0.001	P<0.05	NS
FEMININO						
Média	5.15	3.68	4.35	6.07	4.85	5.03
S.D. +	0.379	0.506	0.298	0.395	0.308	0.312

(variação em %)	-	(-28.54)	(-15.53)	(+17.86)	(-5.82)	(-2.30)
% de recuperação	-	-	-	-	-	97.66
Teste t	-	$P<0.001$	$P<0.001$	$P<0.001$	$P<0.05$	NS

S.D. +: Desvio-padrão, P: Nível de significância, NS: Não-significativo

Discussão

Nos peixes, tal como em qualquer outro vertebrado, o teor de hemoglobina do sangue total dos peixes varia em função do número de eritrócitos presentes, pelo que as hemácias são responsáveis por 99% da absorção de O_2 (Lagler *et al.*, 1977). Por conseguinte, o número de hemácias é considerado como um reflexo da quantidade de oxigénio consumido pelo peixe. Estes resultados sobre o consumo de O_2 e a contagem de hemácias revelam claramente que, em diferentes períodos de exposição, existe uma relação linear entre o consumo de O_2 e a contagem de hemácias que, em conjunto, servem como bons indicadores de stress poluente (Anderson, *et al.*, 1974; Sellers *et al.*, 1975; Mahajan e Dheer, 1980; Basha Mohideen e Sailabala, 1992).

Após 24 horas de exposição, as hemácias registaram um aumento acentuado em comparação com o meio de controlo. Verifica-se também um aumento semelhante no consumo de O_2 às 24 h, o que indica que o peixe se agita no novo meio e, ao fazê-lo, a sua taxa metabólica basal (TMB) aumenta para um nível mais elevado para produzir energia extra para fazer face à tendência do peixe para fugir do meio stressante.

Reacções de fuga semelhantes foram registadas anteriormente em peixes (Bagehi e Ibrahim, 1974; Basha Mohideen e Sailabala, 1992). No entanto, a meio do período de exposição à deltametrina, ou seja, aos 15 dias, o número de hemácias diminuiu. Isto indica que a presença de um pesticida como a deltametrina no meio do presente estudo pode ter induzido hipoxia que, por sua vez, acelera o tecido hemopoiético. O declínio na contagem de hemácias deve-se obviamente à entrada da deltametrina no corpo do peixe e, por sua vez, à inibição da eritropoese (Rodriguez *et al.*, 2005). A outra razão para a supressão dos glóbulos vermelhos pode dever-se à falha dos mecanismos de desintoxicação, inicialmente na primeira metade dos 30 dias de exposição, altura em que os peixes sofrem provavelmente um maior stress.

No entanto, tanto os machos como as fêmeas de *Channa punctatus* mostraram uma recuperação bastante boa na contagem de hemácias, que regressou ao nível normal. Este facto confirma a capacidade de adaptação deste peixe à exposição subletal à deltametrina. Com o funcionamento ativo dos mecanismos de desintoxicação no fígado, que induzem a síntese de enzimas microssomais para desintoxicar as moléculas tóxicas que entram no corpo, o fígado fica danificado, o que leva ao aumento da síntese de bilirrubina.

Jayantha Rao (1982) referiu que o teor de bilirrubina no sangue, que funciona como hormona eritrofílica, e o aumento da sua síntese, juntamente com outros produtos de desintegração, são responsáveis pelo aumento das hemácias no final do período de exposição subletal à deltametrina. Esta ação recuperável é referida nos peixes *Clarias batrachus* e *Channa punctatus* expostos a pesticidas organofosforados (Mukhopadhyaya e Dehadri, 1978; Mahipal Singh, 1995). Assim, estes pesticidas, incluindo a deltametrina, causam danos no tecido hemopoiético, afectando assim todo o metabolismo do animal, uma vez que o sangue é a barreira de suporte dos elementos essenciais dos tecidos. Mas devido ao funcionamento ativo dos mecanismos de desintoxicação no final da exposição, aos 30 dias, tanto os machos como as fêmeas recuperaram quase totalmente do stress subletal.

Os parâmetros hematológicos, como os glóbulos vermelhos e os leucócitos, são facilmente observáveis (contáveis) e bons indicadores de qualquer situação de stress, incluindo o atual stress provocado por pesticidas (Banerjee, 1979; Basha Mohideen e Sailabala, 1992; Sampath *et al.*, 1993). Sempre que uma partícula estranha, seja ela um pesticida, um metal ou um veneno, entra no corpo de um animal, como dispositivo de defesa, há uma tendência para o aumento dos leucócitos.

A diminuição inicial dos leucócitos às 24 horas de exposição, tanto nos machos como nas fêmeas de *Channa punctatus,* pode dever-se ao aumento do stress provocado pelos pesticidas no novo meio. Foram observados resultados semelhantes de diminuição inicial da contagem de leucócitos no peixe *Clarias batrachus* após intoxicação por arsénico e em *Heteropneustes fossilis* sob exposição a sulfato de mercúrio (Banerjee, 1979). A partir daqui, pode dizer-se que a deltametrina pode ter provocado uma alteração no mecanismo homeostático deste peixe, mostrando leucocitose (degradação dos leucócitos).

Mas, a meio do período de exposição, ou seja, aos 15 dias, os diferentes géneros de *Channa punctatus* registaram um nível mais elevado de leucócitos no período de maior stress, aos 15 dias, em que os leucócitos são suprimidos ao máximo. Este aumento dos leucócitos pode ser atribuído a um mecanismo de defesa contra o pesticida que entrou no corpo deste peixe. Foram efectuados estudos sobre o aumento da contagem de leucócitos devido ao efeito da poluição química numa série de populações de peixes (Mc Leay, 1974; Benerjee, 1979; Srivastava e Mishra, 1982; Gill *et al.*, 1985). Além disso, o aumento da contagem de leucócitos pode servir para neutralizar o tóxico estranho nocivo (Sharma, 1978) em *Clarias batrachus* expostos ao lítio e, no final da exposição, ou seja, aos 30 dias, este peixe pode ter encontrado e neutralizado os efeitos do tóxico, muito provavelmente através do funcionamento ativo da maquinaria de desintoxicação e recuperou, adaptando-se assim à exposição subletal da deltametrina no prazo de 30 dias.

VI. METABOLISMO DOS HIDRATOS DE CARBONO

Introdução

Os hidratos de carbono são compostos biológicos muito importantes e muito difundidos, pois são a principal fonte de energia e também constituintes estruturais do protoplasma. O metabolismo dos hidratos de carbono nos peixes é quase semelhante ao de outros vertebrados, incluindo os mamíferos (Prosser, 1973). No entanto, os peixes têm uma maior capacidade de se adaptarem às variações ambientais. É sabido que qualquer variação no ambiente tem o seu efeito no sistema nervoso (Prosser, 1973) que, por sua vez, induz alterações nos processos bioquímicos, especialmente nos que dizem respeito ao metabolismo dos hidratos de carbono.

Durante o stress, os hidratos de carbono representam o principal precursor imediato de energia para os peixes sujeitos a stress (Umminger, 1970). Assim, as reservas energéticas mais facilmente utilizadas e as primeiras a serem afectadas pela depleção são os hidratos de carbono, tal como referido por Mayers (1977). Estas reservas, em termos de glicose no sangue, glicogénio hepático e glicogénio muscular, reflectem geralmente o metabolismo dos hidratos de carbono. A glicose desempenha um papel importante no metabolismo dos hidratos de carbono (Pattabhiraman, 1993).

O seu nível pode mesmo ser afetado em caso de stress tóxico, o que reflecte as variações de todo o metabolismo dos hidratos de carbono (Das e Benerjee, 1980; Gill e Pant, 1981; Chaudary e Kedarnath, 1985; Tewari *et al.,* 1987). Foram realizados muitos trabalhos sobre a glicose sanguínea, o glicogénio hepático e o glicogénio muscular nos peixes, em relação aos efeitos do exercício (Dean e Goodnight, 1964), em termos de hipoxia (Heath e Pritchand, 1965) e em relação ao stress natural, como a temperatura e a salinidade (Dean e Goodnight, 1964; Umminger, 1971a,b; Bashamohideen e Parvatheswara Rao, 1971,1972). Há provas de que, nos peixes, os níveis de glucose no sangue apresentam as mais marcantes alternâncias em resposta às alterações dos factores ambientais (Umminger, 1975; Hattingh, 1977). Além disso, atribui-se à glucose no sangue um nível indireto da taxa metabólica basal nos peixes (Umminger, 1975). Nos peixes, o nível de glucose no sangue tem sido considerado um indicador fiável e sensível do stress ambiental (Silbergeld, 1974).

A manutenção das reservas de glicogénio é uma das características importantes do metabolismo normal (Mong e Poland, 1981). O glicogénio, vulgarmente designado por amido animal, é o principal reservatório e uma grande fonte de glicose no sangue. Foram registadas alterações no glicogénio hepático e muscular em situações de stress e diz-se que uma depleção significativa do glicogénio tecidular reflecte um estado de atividade extenuante por parte dos peixes (Vijayaram *et al.,* 1984; Tewari *et al.,* 1987).

Do mesmo modo, Bhagyalakshmi *et al.* (1985) referiram que os crustáceos apresentam um aumento significativo do nível de glucose no sangue e uma diminuição dos hidratos de carbono totais do hepato-pâncreas em caso de exposição a insecticidas organofosforados. Em *Sarotherodon mossambicus, foi registado um aumento* dos níveis de glucose no sangue, mas uma diminuição do glicogénio hepático, após exposição a uma concentração subletal de sumathion (Koundinya e Ramamurthy, 1979). Foi registada uma tendência semelhante em *Cyprinus carpio durante a* exposição a outros compostos organofosforados como o malatião, o diptrex e o DDVP (Sakaguchi e Hiromi, 1972). As alterações induzidas pelo endossulfão na glucose sanguínea do peixe-gato, *Clarias batrachus,* foram registadas por Gopalakrishna *et al.* (1982). Singh *et al.*, (1982) relataram o efeito de uma mistura de Adrian e Fermothion no metabolismo dos hidratos de carbono do peixe *Heteropneustes fossilis.*

Wester e Canton (1987) relataram as alterações no metabolismo dos hidratos de carbono no guppy, *Poecilia reticulate,* sujeito aos biocidas TBTO e DBTC. Zaccone *et al.*, (1989) relataram o metabolismo dos hidratos de carbono no *Heteropneustes fossilis* sujeito a Endosulfan. As alterações no metabolismo dos hidratos de carbono no peixe *Cirrhinus mrigala* sujeito a alquil benzeno sulfonato foram relatadas por Misra *et al.*, (1990). Foram efectuados alguns trabalhos sobre o metabolismo dos hidratos de carbono no que se refere à toxicidade dos metais nos peixes (Qayyam e Shafi, 1977; Koundinya e Ramamurthy, 1979; Radhakrishnaiah *et al.*, 1992). É evidente que o stress ambiental, como o amoníaco e a hipoxia, aumenta o consumo de hidratos de carbono (Dezwan e Zandee, 1972).

Estes estudos indicam que os hidratos de carbono constituem os principais substratos do metabolismo energético (Peter, 1973). Neste contexto, para compreender o papel exato das reservas energéticas de hidratos de carbono, é necessário estabelecer a relação entre a glicose no sangue, o glicogénio hepático e o glicogénio muscular no peixe de água doce *Channa punctatus,* após exposição a uma concentração subletal de deltametrina.

Resultados

São apresentados os dados sobre os níveis de glicose no sangue, glicogénio hepático e glicogénio muscular em indivíduos machos e fêmeas de *Channa punctatus* às 24 h, 7, 15, 20 e 30 dias de exposição a uma concentração subletal de deltametrina, para além do controlo (Quadros - 8 e 9).

Quadro - 8: **Glicose no sangue** (mg/100ml de sangue) nos indivíduos de *Channa punctatus* tratados com deltametrina em diferentes períodos de exposição subletal. A média e o desvio padrão são obtidos a partir de seis medições individuais. A alteração percentual do nível de glucose no sangue em diferentes períodos de exposição é calculada em relação ao nível no meio de controlo (água doce sem deltametrina). A percentagem de recuperação do nível de glicose no sangue aos 30 dias de exposição é calculada em relação ao nível no meio de controlo, que é fixado em 100%.

Glicose no sangue	Controlo -	Períodos de exposição subletal				
		24 h	7 dias	15 dias	20 dias	30 dias
MACHO						

Média	59.00	72.00	49.00	28.00	38.00	53.00
S.D. +	2.360	2.880	1.960	1.120	1.520	1.880
(variação em %)	-	(+22.03)	(-16.94)	(-52.54)	(-35.59)	(-10.16)
% de recuperação	-	-	-	-	-	89.83
Teste t	-	P<0.001	P<0.01	P<0.001	P<0.001	NS
FEMININO						
Média	52.00	61.00	45.00	26.00	35.00	44.00
S.D. +	2.080	2.310	1.890	1.340	1.650	1.850
(variação em %)	-	(+17.30)	(-13.46)	(-50.00)	(-32.69)	(-15.38)
% de recuperação	-	-	-	-	-	84.61
Teste t	-	P<0.01	P<0.01	P<0.001	P<0.001	P<0.05

S.D. +: Desvio-padrão, P: Nível de significância, NS: Não-significativo

Tabela - 9: **Glicogénio** (mg/g peso húmido) no fígado e no músculo de indivíduos de *Channa punctatus* tratados com deltametrina em diferentes períodos de exposição subletal. A média e o desvio padrão foram obtidos a partir de seis medições individuais. A alteração percentual do nível de glicogénio em diferentes períodos de exposição é calculada em relação ao nível no meio de controlo (água doce sem deltametrina). A percentagem de recuperação do nível de glicogénio aos 30 dias de exposição é calculada em relação ao nível do meio de controlo, que é fixado em 100%.

S.N.	**Nome do tecido**	**Controlo**	**Períodos de exposição subletal**				
			24 h	**7 dias**	**15 dias**	**20 dias**	**30 dias**
MACHO							
1	**Fígado**						
	Média	43.00	19.00	24.00	53.00	41.00	39.00
	S.D. +	1.720	0.760	0.960	2.120	1.760	1.440
	(variação em %)	-	(-55.81)	(-44.18	(+23.25)	(-4.65)	(-9.30)
	% de recuperação	-	-	-	-	-	90.69
	Teste t	-	P<0.001	P<0.001	P<0.01	P<0.05	P<0.05
2	**Músculo**						
	Média	3.81	2.30	2.98	4.65	3.65	3.32
	S.D. +	0.22	0.13	0.17	0.27	0.25	0.21
	(variação em %)	-	(-39.6)	(-21.7)	(+22.0)	(-4.19)	(-12.86)
	% de recuperação	-	-	-	-	-	87.13
	Teste t	-	P<0.001	P<0.01	P<0.001	P<0.05	P<0.05
FEMININO							
1	**Fígado**						
	Média	39.00	18.00	22.00	47.00	38.00	33.00
	S.D. +	1.500	1.150	1.02	2.210	1.810	1.450
	(variação em %)	-	(-53.84)	(-43.58)	(+20.51)	(-2.56)	(-15.38)
	% de recuperação	-	-	-	-	-	84.61
	Teste t	-	P<0.001	P<0.001	P<0.001	P<0.05	P<0.05
2	**Músculo**						

Média	3.20	2.09	2.69	3.81	3.08	2.70
S.D. +	0.17	0.12	0.13	0.19	0.14	0.13
(variação em %)	-	(-34.68)	(-15.93)	(+19.06)	(-3.75)	(-15.62)
% de recuperação	-	-	-	-	-	84.37
Teste t	-	P<0.001	P<0.01	P<0.001	P<0.05	P<0.05

S.D. +: Desvio padrão, P: Nível de significância

Glicose no sangue

A partir dos dados apresentados no Quadro 8, verifica-se que os níveis de glucose no sangue aumentaram às 24 horas de exposição em relação ao controlo e diminuíram gradualmente ao longo dos dias 7 e 15. A supressão percentual é máxima aos 15 dias. A partir dos 15th dias, o seu nível aumentou gradualmente e aproximou-se do controlo aos 30 dias, tendo os valores sido considerados significativos (P<0,001) tanto nos machos como nas fêmeas, com uma quantidade ligeiramente superior nas fêmeas de *Channa punctatus*.

Glicogénio hepático e muscular

A partir dos dados apresentados no Quadro - 9, verifica-se que os níveis de glicogénio hepático e muscular diminuíram às 24 horas de exposição em relação ao controlo, seguindo uma tendência oposta à da glicose no sangue. Os seus níveis aumentaram gradualmente a partir das 24 h até ao 15º dia de exposição. A partir do 15^{oth} dia, os seus níveis diminuíram gradualmente e aproximaram-se do controlo aos 30 dias de exposição, tendo os valores sido considerados significativos em ambos os sexos de *Channa punctatus*.

Discussão

Os hidratos de carbono desempenham um papel importante no metabolismo celular, servindo de combustível e fornecendo energia às células. As flutuações no consumo de oxigénio reflectem flutuações nas necessidades energéticas do animal. Em animais expostos ao stress, podem esperar-se alterações no metabolismo dos hidratos de carbono que satisfaçam as necessidades energéticas variáveis (Lacerda e Sawaya, 1986; Santos e Nay, 1987). Nos vertebrados, em geral desde os peixes até aos mamíferos, o nível de glucose no sangue corresponde à taxa metabólica padrão (Umminger, 1977). Durante o stress, o metabolismo dos hidratos de carbono varia de acordo com as necessidades energéticas do animal. O envenenamento crónico e agudo de ratos com sevina resultou em alterações acentuadas no metabolismo dos hidratos de carbono (Vasilos *et al.,* 1976). Foram efectuados estudos desta natureza em animais aquáticos expostos a poluentes ambientais (Bhagyalakshmi e Ramamurthy, 1980).

Os níveis de glicose no sangue inicialmente elevados às 24 horas de exposição podem dever-se às necessidades energéticas mais elevadas resultantes do stress provocado pelos pesticidas. Existem vários relatórios sobre a depleção do teor de glicogénio em animais expostos a pesticidas (Mahajan e Sharma, 1984; Siddiqui, 1984; Pant *et al.,* 1987; Ravinder, 1989);

Samuel e Sastry, 1989; Dhanunjaya, 1990; Radhaiah e Jayantha Rao, 1990; Fernando e Andreu-Moliner, 1991; Jayaprada *et al.*, 1991; Nagendra Reddy *et al*, 1991; Sridevi, 1992; Syed Amanullah, 1992; Prasad Charyulu, 1993; Virupakshi, 1993; Nisar Ahmed, 1994; David, 1995; Abdul Subhan, 2000; Maruthi e Subba Rao, 2000; Sujay *et al.*, 2001; Bhavan e Geraldine, 2002; Giridhar, 2002) também estavam em consonância com a atual depleção do teor de glicogénio.

Além disso, Verma *et al.* (1983) observaram uma diminuição semelhante do glicogénio no fígado e no músculo de *Clarias batrachus* expostas a diclorvos e a pesticidas OP. O aumento acentuado dos níveis de glicose no sangue pode dever-se à indução de hormonas como a ACTH, que contribui para a degradação do glicogénio (Dalela *et al.*, 1981). Koundinya e Ramamuthy (1979) registaram uma hiperglicemia provocada por uma diminuição dos níveis de glicogénio no fígado e no músculo do peixe *Sarotherodon mossambicus* exposto ao sumathion, uma vez que se sabe que a anóxia ou a hipoxia aumentam o consumo de hidratos de carbono (Dezwan e Zandee, 1972). A depleção das reservas de glicogénio pode dever-se à utilização direta para a produção de energia em resultado da hipoxia ou da anoxia induzidas por pesticidas (Rambabu e Rao, 1994; Sancho *et al.*, 1998). Giridhar (2002) refere uma depleção semelhante das reservas de glicogénio e uma elevação do nível de glucose no sangue de um teleósteo de água doce, *Labeo rohita,* após exposição a Nuvan, o que também corrobora a tendência atual do metabolismo dos hidratos de carbono.

Além disso, Luther Das *et al.* (1999) registaram uma diminuição constante do glicogénio em vários tecidos de *Channa punctatus* expostos a concentrações subletais e letais de cipermetrina. Oruc e Nevin (1998) registaram um aumento do teor de glucose no soro, enquanto os teores de glicogénio no fígado e no músculo foram reduzidos em *Cyprinus carpio* exposto ao azinfosmetilo. O teor de glicogénio de *Catla catla* diminuiu no fígado, músculo e rim após exposição ao fenvalerato (Anita Susan *et al.*, 1999).

Verificou-se uma diminuição dos teores de glicogénio e de proteínas em *M. malcolmsoni* expostos a um meio com uma concentração letal de diclorvos (Geraldine *et al.*, 1999). Oruc e Uner (1999) registaram uma redução do glicogénio hepático e muscular e uma elevação do nível de glucose sérica em *Cyprinus carpio* exposto a 2,4-diamina.

Foram observadas alterações nos teores de glicogénio e de proteínas de *Oreochromis mossambicus* e *Etroplus maculatus* quando expostos ao dióxido de titânio (Vijayamohan Nair, 2000). Shobha Rani *et al.* (2000) registaram uma diminuição do nível de glicogénio em teleósteos de água doce, *Tilapia mossambicus,* expostos a arseniato de sódio.

Rawat *et al.*, (2002) registaram uma diminuição do glicogénio tecidular em *Heteropneustes fossilis*; uma diminuição dos hidratos de carbono totais, do glicogénio e uma elevação do nível de açúcar livre total nos tecidos do camarão, *Macrobrachium rosenbergii* (Bhavan e Geraldine, 2002). Tilak *et al.*, (2002) registaram uma diminuição do teor de glicogénio em *Catla catla, Labeo rohita* e *Cirrhinus mrigala* após exposição a concentrações subletais de NH_3-N, NO_2-N e NO_3-H. Todos os relatórios supramencionados foram corroborados pela presente depleção das reservas de glicogénio e pela elevação do nível de glicose no sangue.

Existem também provas claras que sugerem que a asfixia induziu um aumento acentuado dos níveis de açúcar no sangue dos peixes (Gray e Hall, 1960) e que, durante a condição de asfixia, o teor de glicose foi provavelmente mobilizado a partir do glicogénio hepático através da glicogenólise hepática (Wassermann *et al.*, 1970; Kamalaveni *et al.*, 2003). A alteração do teor de glicogénio sugere a sua utilização pela glicólise anaeróbica, talvez para satisfazer as elevadas necessidades energéticas exigidas pelo ambiente tóxico. Nakano e Tomilson (1967) e Vijayaram *et al.* (1989) sugeriram que as catecolaminas, cujo nível no sangue dos peixes aumenta em condições ambientais de stress, aumentam a utilização do glicogénio para a produção de energia.

As conclusões são ainda apoiadas por uma utilização semelhante das reservas de hidratos de carbono durante a exposição do peixe *Sarotherodon mossambicus ao* pesticida organofosforado sumathion, que resultou num aumento dos níveis de glucose no sangue mas numa diminuição do glicogénio hepático (Koundinya e Ramamurthy, 1979). Misra *et al.*, (1990) registaram alterações nos hidratos de carbono em alevins e juvenis de peixe expostos ao sulfonato de alquilbenzeno. Também foram registadas situações semelhantes em *Labeo rohita* expostos à cipermetrina (Sridevi, 1992).

Aos 15 dias de exposição, observou-se uma supressão percentual máxima do nível de glicose no sangue e uma elevação percentual máxima dos níveis de glicogénio hepático e muscular. Mas o aumento do glicogénio muscular foi relativamente menor do que o do glicogénio hepático, o que indica uma utilização relativamente menor da energia dos metabolitos musculares durante a exposição à deltametrina.

Na segunda metade do período de exposição, os níveis de glicose no sangue aumentaram progressivamente e aproximaram-se do controlo aos 30 dias de exposição, ao que se seguiu uma diminuição dos níveis elevados de glicogénio hepático e muscular, que se aproximaram dos valores de controlo, tanto nos machos como nas fêmeas. Assim, o peixe *Channa punctatus* pode ter compensado o stress da deltametrina elevando os níveis de glicose no sangue através da glicogenólise hepática e também através da utilização de glicogénio muscular para satisfazer as elevadas necessidades energéticas (Kamalaveni *et al.*, 2001). Verificou-se um grau bastante bom de recuperação dos níveis de reservas de hidratos de carbono no final da exposição de 30 dias à concentração subletal de delatmetrina. Apesar do efeito tóxico da concentração subletal de deltametrina, o animal está a adaptar-se ao efeito tóxico através da modulação das suas respostas fisiológicas e metabólicas para uma utilização adequada das reservas de energia.

VII. METABOLISMO DAS PROTEÍNAS

Introdução

A capacidade de sobrevivência dos animais expostos ao stress depende principalmente do seu potencial de síntese proteica. Young (1970) referiu que o orçamento proteico de uma célula pode ser considerado como um importante instrumento de diagnóstico na avaliação dos seus padrões fisiológicos. São os blocos de construção básicos de qualquer animal e representam normalmente 68%-85% da matéria seca (Jauncey, 1982). O metabolismo proteico da célula constitui um dos principais eventos fisiológicos envolvidos no mecanismo compensatório em condições de stress (Krishna Murthy, 1981).

A hidrólise das proteínas é um fenómeno bastante comum em que as proteases dividem as proteínas em aminoácidos. Os aminoácidos formados pela degradação das proteínas serão, por um lado, mobilizados para a síntese proteica e, por outro, utilizados para a produção de energia. Embora os hidratos de carbono representem os principais precursores imediatos de energia para os peixes sujeitos a stress, as proteínas são a principal fonte de energia em condições crónicas (Umminger, 1970).

Sabe-se que os pesticidas interferem na síntese e na degradação das proteínas, alterando o equilíbrio dinâmico (Nagy *et al.*, 1981). Foram realizados muitos trabalhos sobre os efeitos dos pesticidas no metabolismo das proteínas (Ganesan *et al.*, 1989; Rajyasree e Neeraja, 1989; Borah e Yadav, 1994; Chandravathy e Reddy, 1994; Schlenk, 1995; Bashamohideen e Malla Reddy, 1995). Além disso, vários trabalhadores registaram uma diminuição do teor de proteínas totais sob o impacto dos pesticidas (Shakoori *et al.*, 1976; Pollak e Wandy, 1982). Sivaprasad Rao *et al.*, (1982) estudaram o impacto do fentoato no metabolismo do azoto em *Channa punctatus* e postularam uma diminuição das proteínas totais dos tecidos e um aumento dos níveis de aminoácidos livres no músculo e nas brânquias.

Ramana Rao e Ramamurthy (1983), Krishna *et al.* (1987), Malla Reddy e Philip (1991) e Suresh *et al.* (1991) registaram alterações qualitativas e quantitativas nos níveis de aminoácidos dos tecidos de peixes expostos a uma variedade de substâncias tóxicas. Bashamohideen e Malla Reddy (1995) registaram alterações no metabolismo das proteínas nos tecidos do peixe *Cyprinus carpio* durante a exposição subletal à cipermetrina.

Radhaiah *et al.*, (1987) registaram uma diminuição do teor de proteínas e um aumento dos aminoácidos livres em *Tilapia mossambicus* após exposição ao heptacloro. Anupam Jyothi *et al.*, (1989) revelaram uma diminuição significativa do teor de proteínas e de ARN no fígado, no coração e no músculo de *Channa punctatus* após exposição ao malatião. Ganesan *et al.*, (1989) estudaram o impacto do endossulfão no teor de proteínas nos tecidos do fígado de *Oreochromis mossambicus* e observaram uma diminuição do nível de proteínas com o aumento do tempo de exposição ao endossulfão.

A descrição anterior fornece uma breve compreensão dos efeitos dos tóxicos no metabolismo das proteínas. Com este pano de fundo, é necessário compreender o papel preciso e claro do metabolismo das proteínas, tanto nos machos como nas fêmeas do peixe comestível economicamente importante *Channa punctatus,* na exposição a uma concentração subletal de deltametrina.

Resultados

Os dados sobre os níveis de proteínas solúveis, estruturais e totais, aminoácidos livres e atividade de protease no fígado, brânquias e músculo de machos e fêmeas de *Channa punctatus* em 24 h, 7, 15, 20 e 30 dias de exposição à concentração subletal de deltametrina para além do controlo são apresentados (Quadros - 10, 11, 12, 13 e 14) para comparação.

Quadro - 10: **Aminoácidos livres** (mg de azoto de aminoácidos libertados/g de peso húmido) em indivíduos de *Channa punctatus* tratados com deltametrina em diferentes períodos de exposição subletal. A média e o desvio padrão são obtidos a partir de seis medições individuais. A alteração percentual do nível de aminoácidos livres em diferentes períodos de exposição é calculada em relação ao nível no meio de controlo (água doce sem deltametrina). A percentagem de recuperação do nível de aminoácidos livres aos 30 dias de exposição é calculada em relação ao nível do meio de controlo, que é fixado em 100%.

S.N.	Nome do tecido	Controlo	Períodos de exposição subletal				
			24 h	**7 dias**	**15 dias**	**20 dias**	**30 dias**
MACHO							
1	**Anfíbio**						
	Média	8.73	9.45	9.96	10.65	9.72	8.31
	S.D. +	0.511	0.535	0.567	0.591	0.547	0.498
	(variação em %)	-	(+8.24)	(+14.08)	(+21.99)	(+11.34)	(-4.81)
	% de recuperação	-	-	-	-	-	95.18
	Teste t	-	P<0.01	P<0.01	P<0.001	P<0.01	NS
2	**Fígado**						
	Média	16.87	17.84	18.56	20.14	18.90	16.22
	S.D. +	0.674	0.688	0.698	0.720	0.694	0.660
	(variação em %)	-	(+5.74)	(+10.01)	(+19.38)	(+12.03)	(-3.26)
	% de recuperação	-	-	-	-	-	96.14
	Teste t	-	P<0.05	P<0.01	P<0.001	P<0.01	NS
3	**Músculo**						
	Média	11.99	12.83	14.26	16.54	13.98	10.85
	S.D. +	0.599	0.626	0.663	0.718	0.649	0.552
	(variação em %)	-	(+7.00)	(+18.93)	(+37.94)	(+16.59)	(-9.50)
	% de recuperação	-	-	-	-	-	90.49
	Teste t	-	P<0.05	P<0.01	P<0.001	P<0.01	NS
FEMININO							
1	**Anfíbio**						

	Média	8.01	8.56	9.01	9.46	8.87	7.36
	S.D. +	0.480	0.513	0.540	0.567	0.532	0.471
	(variação em %)	-	(+6.86)	(+12.48)	(+18.10)	(+10.73)	(-8.11)
	% de recuperação	-	-	-	-	-	91.88
	Teste t	-	P<0.05	P<0.01	P<0.001	P<0.01	P<0.05
2	**Fígado**						
	Média	12.54	13.15	13.51	14.66	13.89	11.68
	S.D. +	0.627	0.675	0.675	0.733	0.694	0.599
	(variação em %)	-	(+4.86)	(+7.73)	(+16.90)	(+10.76)	(-6.85)
	% de recuperação	-	-	-	-	-	93.14
	Teste t	-	P<0.05	P<0.01	P<0.001	P<0.01	P<0.05
3	**Músculo**						
	Média	9.85	10.34	11.45	13.06	10.65	8.66
	S.D. +	0.591	0.620	0.687	0.783	0.639	0.549
	(variação em %)	-	(+4.97)	(+16.24)	(+32.58)	(+8.12)	(-12.08)
	% de recuperação	-	-	-	-	-	87.91
	Teste t	-	P<0.05	P<0.01	P<0.001	P<0.05	P<0.05

S.D. +: Desvio-padrão, P: Nível de significância, NS: Não-significativo

Quadro - 11: **Atividade de protease** (μM de azoto de aminoácidos libertado/g de proteína/h) em indivíduos de *Channa punctatus* tratados com deltametrina em diferentes períodos de exposição subletal. A média e o desvio padrão são obtidos a partir de seis medições individuais. A alteração percentual da atividade da protease em diferentes períodos de exposição é calculada em relação ao nível no meio de controlo (água doce sem deltametrina). A percentagem de recuperação do nível de atividade da protease aos 30 dias de exposição é calculada em relação ao nível do meio de controlo, que é fixado em 100%.

S.N.	**Nome do tecido**	**Controlo**	**Períodos de exposição subletal**				
			24 h	**7 dias**	**15 dias**	**20 dias**	**30 dias**
MACHO							
1	**Anfíbio**						
	Média	0.265	0.295	0.326	0.385	0.309	0.252
	S.D. +	0.013	0.014	0.015	0.019	0.015	0.012
	(variação em %)	-	(+11.32)	(+23.01)	(+45.28)	(+16.60)	(-4.90)
	% de recuperação	-	-	-	-	-	95.08
	Teste t	-	P<0.05	P<0.01	P<0.001	P<0.01	NS
2	**Fígado**						
	Média	0.321	0.392	0.410	0.441	0.361	0.304
	S.D. +	0.012	0.014	0.015	0.016	0.014	0.012
	(variação em %)	-	(+22.11)	(+27.72)	(+37.38)	(+12.46)	(-5.295)
	% de recuperação	-	-	-	-	-	94.70
	Teste t	-	P<0.05	P<0.01	P<0.001	P<0.01	NS
3	**Músculo**						
	Média	0.245	0.271	0.298	0.328	0.285	0.223

	S.D. +	0.014	0.016	0.017	0.019	0.015	0.013
	(variação em %)	-	(+10.61)	(+21.63)	(+33.87)	(+16.32)	(-8.979)
	% de recuperação	-	-	-	-	-	91.02
	Teste t	-	P<0.05	P<0.01	P<0.001	P<0.01	P<0.05
FEMININO							
1	**Anfíbio**						
	Média	0.245	0.266	0.298	0.351	0.281	0.216
	S.D. +	0.014	0.015	0.017	0.021	0.016	0.012
	(variação em %)	-	(+8.571)	(+21.63)	(+43.26)	(+14.69)	(-11.83)
	% de recuperação	-	-	-	-	-	88.163
	Teste t	-	P<0.05	P<0.01	P<0.001	P<0.01	P<0.05
2	**Fígado**						
	Média	0.299	0.348	0.373	0.398	0.326	0.256
	S.D. +	0.014	0.017	0.018	0.019	0.016	0.012
	(variação em %)	-	(+16.38)	(+24.74)	(+33.11)	(+9.030)	(-14.38)
	% de recuperação	-	-	-	-	-	85.618
	Teste t	-	P<0.01	P<0.01	P<0.001	P<0.05	P<0.05
3	**Músculo**						
	Média	0.211	0.230	0.253	0.275	0.239	0.189
	S.D. +	0.014	0.016	0.017	0.019	0.016	0.013
	(variação em %)	-	(+9.004)	(+19.90)	(+30.33)	(+13.27)	(-10.42)
	% de recuperação	-	-	-	-	-	89.573
	Teste t	-	P<0.05	P<0.01	P<0.001	P<0.01	NS

S.D. +: Desvio-padrão, P: Nível de significância, NS: Não-significativo

Tabela - 12: **Proteínas solúveis** (mg/g peso húmido) em indivíduos de *Channa punctatus* tratados com deltametrina em diferentes períodos de exposição subletal. A média e o desvio padrão são obtidos a partir de seis medições individuais. A alteração percentual das proteínas solúveis em diferentes períodos de exposição é calculada em relação ao nível no meio de controlo (água doce sem deltametrina). A percentagem de recuperação do nível de proteínas solúveis aos 30 dias de exposição é calculada em relação ao nível do meio de controlo, que é fixado em 100%.

S.N.	Nome do tecido	Controlo	Períodos de exposição subletal				
			24 h	**7 dias**	**15 dias**	**20 dias**	**30 dias**
MACHO							
1	**Anfíbio**						
	Média	45.65	41.12	37.05	31.25	38.55	42.90
	S.D. +	1.826	1.644	1.482	1.250	1.542	1.650
	(variação em %)	-	(-9.923)	(-18.83)	(-31.54)	(-15.55)	(-6.02)
	% de recuperação	-	-	-	-	-	93.97
	Teste t	-	P<0.05	P<0.01	P<0.001	P<0.01	NS
2	**Fígado**						
	Média	76.75	69.75	66.23	58.91	64.15	69.31

	S.D. +	3.837	3.487	3.311	2.945	3.207	3.465
	(variação em %)	-	(-9.120)	(-13.70)	(-23.24)	(-16.41)	(-9.693)
	% de recuperação	-	-	-	-	-	90.31
	Teste t	-	P<0.05	P<0.01	P<0.001	P<0.01	P<0.05
3	**Músculo**						
	Média	49.52	44.01	41.25	34.59	39.66	45.69
	S.D. +	3.466	3.128	2.887	2.421	2.776	3.198
	(variação em %)	-	(-11.14)	(-16.70)	(-30.14)	(-19.91)	(-7.734)
	% de recuperação	-	-	-	-	-	92.26
	Teste t	-	P<0.05	P<0.01	P<0.001	P<0.01	NS
FEMININO							
1	**Anfíbio**						
	Média	43.12	40.23	36.57	30.28	36.58	40.10
	S.D. +	2.587	2.413	2.194	1.816	2.194	2.409
	(variação em %)	-	(-6.702)	(-15.19)	(-29.77)	(-15.16)	(-7.00)
	% de recuperação	-	-	-	-	-	92.99
	Teste t	-	P<0.05	P<0.01	P<0.001	P<0.01	NS
2	**Fígado**						
	Média	72.52	68.91	67.15	56.25	62.56	65.35
	S.D. +	2.900	2.756	2.686	2.250	2.502	2.614
	(variação em %)	-	(-4.977)	(-7.404)	(-22.43)	(-13.73)	(-9.886)
	% de recuperação	-	-	-	-	-	90.11
	Teste t	-	P<0.05	P<0.01	P<0.001	P<0.01	P<0.05
3	**Músculo**						
	Média	45.16	40.33	39.82	32.15	37.82	40.15
	S.D. +	2.258	2.016	1.991	1.532	1.891	2.007
	(variação em %)	-	(-10.69)	(-11.82)	(-28.80)	(-16.25)	(-11.09)
	% de recuperação	-	-	-	-	-	88.90
	Teste t	-	P<0.05	P<0.01	P<0.001	P<0.01	P<0.05

S.D. +: Desvio-padrão, P: Nível de significância, NS: Não-significativo

Tabela - 13: **Proteínas estruturais** (mg/g peso húmido) em indivíduos de *Channa punctatus* tratados com deltametrina em diferentes períodos de exposição subletal. A média e o desvio padrão são obtidos a partir de seis medições individuais. A percentagem de alteração das proteínas estruturais em diferentes períodos de exposição é calculada em relação ao nível no meio de controlo (água doce sem deltametrina). A percentagem de recuperação do nível de proteínas estruturais aos 30 dias de exposição é calculada em relação ao nível do meio de controlo, que é fixado em 100%.

S.N.	**Nome do tecido**	**Controlo -**	**Períodos de exposição subletal**				
			24 h	**7 dias**	**15 dias**	**20 dias**	**30 dias**
MACHO							
1	**Anfíbio**						
	Média	68.55	57.85	49.39	30.15	40.25	57.32

	S.D. +	3.062	2.892	2.469	1.507	2.012	2.566
	(variação em %)	-	(-15.60)	(-27.95)	(-56.01)	(-41.28)	(-16.38)
	% de recuperação	-	-	-	-	-	83.81
	Teste t	-	P<0.05	P<0.01	P<0.001	P<0.01	P<0.05
2	**Fígado**						
	Média	79.81	69.32	61.75	34.85	52.31	63.65
	S.D. +	3.682	3.466	3.087	1.842	2.615	2.982
	(variação em %)	-	(-13.14)	(-22.62)	(-56.33)	(-34.45)	(-20.24)
	% de recuperação	-	-	-	-	-	79.75
	Teste t	-	P<0.05	P<0.01	P<0.001	P<0.01	P<0.05
3	**Músculo**						
	Média	98.92	89.55	80.85	59.89	71.99	84.36
	S.D. +	3.75	3.582	3.234	2.555	2.879	3.254
	(variação em %)	-	(-9.47)	(-18.26)	(-39.45)	(-27.22)	(-14.71)
	% de recuperação	-	-	-	-	-	85.28
	Teste t	-	P<0.05	P<0.01	P<0.001	P<0.01	P<0.05
FEMININO							
1	**Anfíbio**						
	Média	59.36	55.66	47.65	27.06	37.18	47.55
	S.D. +	3.561	3.339	2.859	1.623	2.230	2.853
	(variação em %)	-	(-6.233)	(-19.72)	(-54.41)	(-37.36)	(-19.89)
	% de recuperação	-	-	-	-	-	80.10
	Teste t	-	P<0.05	P<0.01	P<0.001	P<0.01	P<0.05
2	**Fígado**						
	Média	70.15	63.54	56.76	32.49	49.65	53.89
	S.D. +	3.507	3.177	2.838	1.624	2.482	2.694
	(variação em %)	-	(-9.422)	(-19.08)	(-53.68)	(-29.22)	(-23.17)
	% de recuperação	-	-	-	-	-	76.82
	Teste t	-	P<0.05	P<0.01	P<0.001	P<0.01	P<0.05
3	**Músculo**						
	Média	90.15	85.12	77.16	58.15	70.12	75.17
	S.D. +	4.507	4.256	3.858	2.907	3.506	3.758
	(variação em %)	-	(-5.579)	(-14.40)	(-35.49)	(-22.21)	(-16.61)
	% de recuperação	-	-	-	-	-	83.38
	Teste t	-	P<0.05	P<0.01	P<0.001	P<0.01	P<0.05

S.D. +: Desvio padrão, P: Nível de significância

Tabela - 14: **Proteínas totais** (mg/g de peso húmido) em indivíduos de *Channa punctatus* tratados com deltametrina em diferentes períodos de exposição subletal. A média e o desvio padrão são obtidos a partir de seis medições individuais. A alteração percentual das proteínas totais em diferentes períodos de exposição é calculada em relação ao nível no meio de controlo (água doce sem deltametrina). A percentagem de recuperação do nível de proteínas totais aos 30 dias de exposição é calculada em relação ao nível do meio de controlo, que é fixado em 100%.

S.N.	Nome do tecido	Controlo -	Períodos de exposição subletal				
			24 h	7 dias	15 dias	20 dias	30 dias
MACHO							
1	**Anfíbio**						
	Média	114.20	98.97	86.44	61.40	78.80	100.22
	S.D. +	6.414	5.938	5.186	3.950	4.728	5.554
	(variação em %)	-	(-13.33)	(-24.30)	(-46.23)	(-30.99)	(-12.24)
	% de recuperação	-	-	-	-	-	87.75
	Teste t	-	P<0.05	P<0.01	P<0.001	P<0.01	P<0.05
2	**Fígado**						
	Média	156.56	139.07	127.98	93.76	116.46	132.96
	S.D. +	6.016	5.562	5.119	3.830	4.658	5.158
	(variação em %)	-	(-11.17)	(-18.25)	(-40.11)	(-25.61)	(-15.07)
	% de recuperação	-	-	-	-	-	84.92
	Teste t	-	P<0.05	P<0.01	P<0.001	P<0.01	P<0.01
3	**Músculo**						
	Média	148.44	134.24	122.10	94.48	111.65	130.05
	S.D. +	7.158	6.712	6.105	4.924	5.582	6.352
	(variação em %)	-	(-9.56)	(-17.74)	(-36.35)	(-24.78)	(-12.38)
	% de recuperação	-	-	-	-	-	87.61
	Teste t	-	P<0.05	P<0.01	P<0.001	P<0.01	P<0.05
FEMININO							
1	**Anfíbio**						
	Média	102.48	95.89	84.22	57.34	73.76	87.70
	S.D. +	6.148	5.753	5.053	3.440	4.425	5.262
	(variação em %)	-	(-6.430)	(-17.818)	(-44.047)	(-28.024)	(-14.422)
	% de recuperação	-	-	-	-	-	85.57
	Teste t	-	P<0.05	P<0.01	P<0.001	P<0.01	P<0.05
2	**Fígado**						
	Média	142.67	132.45	123.91	88.74	112.21	119.24
	S.D. +	5.7.6	5.298	4.956	3.549	4.488	4.769
	(variação em %)	-	(-7.163)	(-13.149)	(-37.800)	(-21.349)	(-16.422)
	% de recuperação	-	-	-	-	-	83.57
	Teste t	-	P<0.05	P<0.01	P<0.001	P<0.01	P<0.05
3	**Músculo**						
	Média	135.31	125.45	116.98	88.80	107.94	115.32
	S.D. +	6.765	6.272	5.849	4.44	5.397	5.766
	(variação em %)	-	(-7.286)	(-13.546)	(-34.372)	(-20.227)	(-14.773)
	% de recuperação	-	-	-	-	-	85.22
	Teste t	-	P<0.05	P<0.01	P<0.001	P<0.01	P<0.01

S.D. +: Desvio padrão, P: Nível de significância

Aminoácidos livres e atividade de protease

A partir dos dados apresentados nos quadros 10 e 11, verifica-se que os níveis de aminoácidos livres e a atividade da protease aumentaram às 24 horas de exposição em relação ao controlo em todos os órgãos e continuaram até aos 15 dias. A partir dos 15th dias, os seus níveis baixaram para níveis próximos dos do controlo aos 30 dias de exposição. A elevação dos níveis de aminoácidos livres e da atividade da protease nos órgãos dos peixes de ambos os sexos foi maior aos 15 dias, intermédia aos 7 dias e menor às 24 horas de exposição.

Proteínas solúveis, estruturais e totais

A partir dos dados apresentados nos Quadros - 12, 13 e 14, verifica-se que os níveis de proteínas solúveis, estruturais e totais diminuíram às 24 horas de exposição em relação ao controlo em todos os órgãos e os seus níveis continuaram até 15 dias de exposição. A partir dos 15th dias, os seus níveis aumentaram progressivamente e aproximaram-se do controlo aos 30 dias de exposição. O declínio das proteínas solúveis, estruturais e totais nos órgãos dos peixes machos e fêmeas foi maior aos 15 dias, intermédio aos 7 dias e menor às 24 horas, sendo os teores mais elevados nos machos do que nas fêmeas.

Discussão

O nível de proteínas nos tecidos depende de um equilíbrio dinâmico entre as taxas de síntese e de degradação (Goldberg e Dice, 1974). Waarde (1981) referiu que os peixes teleósteos são animais experimentais adequados para o estudo do metabolismo das proteínas, uma vez que estes animais obtêm energia em grande parte através do catabolismo das proteínas.

No presente estudo, em relação ao controlo, os níveis de proteínas solúveis, estruturais e totais diminuíram progressivamente no fígado, nas brânquias e no músculo do peixe *Channa punctatus* às 24 h, 7 e 15 dias de exposição à concentração subletal de deltametrina. Em correspondência, verificou-se que os níveis de aminoácidos livres e a atividade da protease se elevaram ao longo destes períodos de exposição subletal até aos 15 dias, apresentando uma relação inversa precisa entre o teor de proteínas, os níveis de aminoácidos e a atividade da protease. Através desta variação, é evidente que há uma utilização drástica de proteínas através da atividade proteolítica em todos os tecidos para libertar energia extra para fazer face à crise energética desenvolvida durante o stress tóxico da deltametrina.

A degradação das proteínas também sugere o aumento da atividade proteolítica e a possível utilização dos produtos da sua degradação para fins metabólicos. Existem vários relatórios sobre o aumento da atividade proteolítica sob o stress de pesticidas (Das e Mukerjee, 2000; Devaprakash Raju, 2000; Koli *et al.*, 2000; Sonia Ribero *et al.*, 2001; Bhavan e Geraldine, 2002; Giridhar, 2002; Tripathi *et al.*, 2002) e altas concentrações de metais (Himadri Sekhar *et al.*, 2002; Nanda *et al.*, 2002) que estão em consonância com o aumento da utilização de proteínas no presente estudo.

Depleção semelhante do teor de proteínas em *Mystus vitiates* expostos a Nuvan (Arsta Tazeen *et al.*, 1996), em *Labeo rohita* expostos a carboneto (Rajyashree, 1996), em *B. guerini* expostos a níquel (Bhavan e Geraldine, 1997), em *M. malcolmsoni expostos* à concentração letal média de diclorvos (Geraldine *et al*, 1999), em *Oreochromis mossambicus* e *Etroplus maculatus após exposição a dióxido* de titânio (Vijayamohan Nair, 2000), em *Sarotherodon mossambicus* após exposição a cloropirifos e endossulfão (Kamble e Muley, 2000), em *Tilapia mossambicus* exposta a arsénio (Shobha Rani *et al*, 2001) e em *Clarias batrachus* expostos a fenvalerato (Tripathi *et al.*, 2002), em *Catla catla*, *Labeo rohita* e *Cirrhinus mrigala expostos* a concentrações subletais de NH3-N, NO2-N e NO3-N (Tilak *et al.*, 2002).

Além disso, foi registada a depleção de proteínas dos tecidos em *Labeo rohita* exposto à cipermetrina (Veeraiah e Durga Prasad, 1998). Luther Das *et al.*, (1999) registaram uma diminuição constante das proteínas teciduais em teleósteos de água doce, *Channa punctatus,* expostos à cipermetrina. Foi também observada uma diminuição significativa das proteínas teciduais, uma elevação acentuada dos aminoácidos livres e dos níveis de GDH em Catla catla aquando da exposição a concentrações letais e subletais de fenvalerato (Anita Susan *et al.*, 1999). Das e Mukherjee (2000) registaram uma diminuição dos níveis de proteínas musculares e de ARN em *Labeo rohita* exposto a quinolfos.

Bhavan e Geraldine (2002) registaram uma diminuição das proteínas totais e uma elevação dos aminoácidos livres totais em *M. malcomsoni* após exposição ao carbaril. Foi registada uma diminuição semelhante das proteínas totais nos tecidos em *Heteropneustes fossilis* expostos ao níquel (Nanda *et al.*, 2000). Foi observada uma diminuição significativa do teor de proteínas no cérebro e no fígado do peixe de água doce, *Channa punctatus,* aquando da exposição ao níquel (Himadri Sekhar *et al.*, 2002). Todos os relatórios supramencionados foram corroborados pela presente diminuição das proteínas dos tecidos.

Além disso, um aumento da atividade proteolítica pode dever-se aos danos causados aos tecidos, especialmente aos tecidos hepáticos (Kabeer *et al.*, 1984; Suresh *et al.*, 1992) e a uma diminuição do potencial de síntese de proteínas (Garg *et al.*, 1989; Malla Reddy e Philip, 1991). Rao *et al.*, (1987) e Reddy (1987) sugeriram que a diminuição da síntese proteica induzida pelo stress tóxico é também uma razão para a redução quantitativa do teor proteico de vários tecidos. Além disso, a desintoxicação e a eliminação de pesticidas como o endossulfão podem justificar elevadas necessidades energéticas através da degradação das proteínas dos tecidos, tal como sugerido por Swarup *et al.* (1981). A depleção dos níveis de proteínas induz a diversificação da energia para satisfazer as necessidades energéticas iminentes durante o stress tóxico (Jagadeesan e Mathivanan, 1999). Assim, a atividade proteolítica severa, quer devido à instabilidade lisossomal, à destruição celular ou à diminuição do potencial de síntese de proteínas, pode ser a razão da diminuição das proteínas solúveis, estruturais e totais nos peixes expostos à concentração subletal de deltametrina. Joseph *et al.* (1992) referiram que a diminuição dos níveis de proteínas poderia também ser possível devido ao aumento da produção de adrenocorticosteróides induzido pelo stress tóxico, à diminuição da ingestão de alimentos, ao aumento do orçamento para a homeostase, à reparação dos tecidos e à desintoxicação. A diminuição do teor de proteínas pode também dever-se a um mecanismo de formação de lipoproteínas, que serão utilizadas para reparar os organelos das células e dos tecidos (Sheela et al., 1992; Rambabu e Rao, 1994; Sancho *et al.,* 1998).

Em consequência do tratamento com pesticidas, as condições fisiológicas são alteradas (Holden, 1973). Os aminoácidos livres desempenham um papel vital na manutenção do equilíbrio osmótico intracelular, para além de actuarem como precursores para a síntese de enzimas, proteínas e outros constituintes da maquinaria metabólica (Hoar, 1976; Harper *et al.,* 1979). Nesta situação, muitos α-aminoácidos podem ser transferidos para cetoácidos durante a transaminação (Lowenstein, 1972; James *et al.,* 1979; Chandramohan *et al.,* 1980). A elevação dos níveis de aminoácidos livres pode dever-se, em parte, à ingestão alimentar ou à intensificação da sua síntese (Natrajan, 1983). Narasimha Murthy *et al.,* (1985) e Rajamannar e Manohar (1998a) também corroboraram a atual elevação dos níveis de aminoácidos livres. Estes relatórios sugerem que a proteólise intensiva contribui para o aumento do conjunto de aminoácidos. A elevação dos níveis de aminoácidos livres pode conduzir a uma hiperaminoacidemia, que, por sua vez, afecta a atividade fisiológica da célula. Para evitar esta situação, uma parte do excesso de aminoácidos livres pode ser canalizada para o ciclo TCA sob a forma de cetoácidos através da trans-desaminação, a fim de satisfazer as elevadas necessidades energéticas durante o stress tóxico (Marychandravathy e Reddy, 1994). Por outro lado, o aumento do teor de aminoácidos livres pode contribuir para a síntese de cetoácidos (Swami *et al.,* 1983) ou servir de precursor para a síntese de colesterol (Steinway *et al.,* 1977). O aumento da reserva de aminoácidos livres pode também ser útil para os peixes na manutenção do equilíbrio osmótico ácido-base, tal como foi referido noutros animais (Potts, 1954).

Na última metade da exposição subletal (15 - 30 dias) à deltametrina, ambos os sexos de *Channa punctatus* apresentaram um aumento das proteínas solúveis, das proteínas estruturais e do teor de proteínas totais em todos os tecidos, com uma diminuição concomitante dos níveis de aminoácidos livres e da atividade das proteases (Parvez e Raisuddin, 2006). Um declínio semelhante no teor de aminoácidos livres observado no peixe-gato, *Clarias batrachus,* exposto a uma concentração subletal de deltametrina (Ravinder, 1998), em *Catla catla* exposto a fenvalerato (Shah Nawaz, 1996), em *Labeo rohita* exposto a Nuvan (Giridhar, 2002) é uma prova de apoio à diminuição do teor de aminoácidos livres no presente estudo (a partir do 15.º diath).

Um aumento das proteínas solúveis, estruturais e totais na última metade do período de exposição subletal à deltametrina pode dever-se à indução de enzimas microssomais para desintoxicação de material estranho e outras enzimas constituintes de vários segmentos metabólicos (Luskova *et al.*, 2002). Um aumento significativo das actividades da N-O dimetilase nas brânquias de *Clarias batrachus* expostas ao malatião (Mukhopadhyay e Dehadri, 1978) e também o tratamento com diferentes análogos do DDT (Kupfer e Bulgar, 1976) corroboram os presentes resultados.

O aumento das proteínas estruturais também pode ajudar a fortalecer os órgãos para desenvolver resistência ao stress tóxico imposto e um aumento semelhante nas fracções de proteínas solúveis pode indicar o início da síntese de enzimas necessárias para a desintoxicação (Dixon e Sprague, 1981; Kito *et al.*, 1982). A diminuição da atividade das proteases poderia ser para facilitar a síntese das proteínas necessárias e também devido à rigidez das membranas lisossomais e a diminuição gradual dos níveis de aminoácidos livres poderia indicar a sua rápida mobilização para a síntese de proteínas. A diminuição dos níveis de aminoácidos livres pode também servir para o equilíbrio ácido-base, que constitui um dos mecanismos compensatórios para resistir ao stress.

O valor das proteínas, os níveis de aminoácidos e os níveis de atividade da protease aproximaram-se dos valores de controlo em todos os tecidos de machos e fêmeas de *Channa punctatus*. O animal apresentou um bom grau de recuperação, o que se deve muito provavelmente ao início do mecanismo de desintoxicação para eliminar a deltametrina do organismo. As variações nas alterações metabólicas observadas no metabolismo proteico dos peixes expostos a uma concentração subletal de deltametrina foram determinados esforços efectuados pelo animal para a sua sobrevivência.

VIII. METABOLISMO LIPÍDICO

Introdução

A mobilização das reservas de lípidos num organismo testemunha a imposição de exigências energéticas elevadas (Srinivasulu Reddy e Ramana Rao, 1989). Os lípidos fornecem uma estrutura complementar completa às hormonas esteróides e contribuem igualmente para a síntese de energia como alternativa aos hidratos de carbono (Harper, 1997). Lassiter e Hallam (1990) propuseram o modelo da sobrevivência do mais gordo, o que significa que os peixes com maior teor de lípidos no corpo sobreviverão mais tempo, uma vez que são mais resistentes aos efeitos tóxicos dos produtos químicos do que os peixes com menor teor de lípidos. Uma vez que os lípidos são rapidamente decompostos, ressintetizados e interconvertidos em resposta a diferentes estímulos, é essencial considerar simultaneamente várias fracções lipídicas em diferentes tecidos para obter uma imagem clara do metabolismo lipídico (Srinivasulu Reddy e Ramana Rao, 1989).

Estão envolvidas várias alterações bioquímicas durante a utilização das reservas lipídicas e sabe-se que os processos de produção de energia da oxidação dos ácidos gordos se processam através da libertação de ácidos gordos dos triglicéridos, que são depois transportados para o local de utilização. O papel fisiológico da lipase na mobilização de lípidos consiste essencialmente em promover a hidrólise dos depósitos de gordura (Bilinski, 1969) e a síntese de gorduras neutras através da sua ação inversa (George e Talesara, 1962).

Os produtos da hidrólise da gordura são ácidos gordos através da β-oxidação a partir de acetil-CoA, que são parcialmente canalizados para o ciclo TCA para a produção de energia metabólica e o resto para a produção de acetoacetato. O colesterol é um constituinte importante da membrana celular e um precursor das hormonas esteróides; as alterações deste parâmetro podem estar relacionadas com outras perturbações da membrana plasmática ou com alterações da esteroidogénese (Tewari *et al.*, 1987).

Para atenuar o stress, os peixes necessitam geralmente de mais energia, que pode ser obtida a partir de hidratos de carbono, proteínas e lípidos. Sivaprasad Rao e Ramana Rao (1981) registaram uma diminuição dos lípidos totais e dos fosfolípidos e um aumento dos ácidos gordos livres e do colesterol total no músculo, nas brânquias, no fígado e nos tecidos do teleósteo de água doce *Tilapia mossambicus* após exposição a concentrações subletais de metilparatião. Anupama Jyothi *et al.* (1989) registaram uma diminuição dos fosfolípidos no fígado, coração e músculo dorsal de *Channa punctatus* durante a intoxicação aguda com malatião. O mesmo peixe mostrou uma depleção significativa do teor de lípidos no fígado, cérebro, testículos e ovários e uma elevação significativa do colesterol em resultado do efeito crónico do Nuvan (Ghosh e Chatterjee, 1989). Saroja Gupta (1987) registou uma diminuição do teor total de lípidos no fígado de *Channa punctatus* após exposição a concentrações subletais de efluentes de fábricas de óleos vegetais. Piska *et al.* (1992) registaram uma diminuição do teor de lípidos no fígado, nas brânquias e no cérebro de *Cyprinus carpio* após exposição a uma concentração subletal de um piretróide sintético, a cipermetrina.

Resultados

Os dados sobre os níveis de lípidos totais, a atividade da lipase e os ácidos gordos livres no fígado, brânquias e músculo de machos e fêmeas de *Channa punctatus* às 24 h, 7, 15, 20 e 30 dias de exposição à concentração subletal de deltametrina, para além do controlo, são apresentados (Quadros - 15, 16 & 17) para comparação.

Lípidos totais

A partir dos dados apresentados no Quadro - 15, verifica-se que os níveis de lípidos totais diminuíram às 24 horas de exposição relativamente ao controlo em todos os órgãos e aumentaram gradualmente ao longo dos períodos de exposição de 7 e 15 dias. O seu nível diminuiu gradualmente e aproximou-se do controlo aos 30 dias de exposição, tanto nos machos como nas fêmeas. As fêmeas registaram uma maior quantidade de lípidos totais do que os machos.

Tabela - 15: **Lípidos totais** (mg/g peso húmido) em indivíduos de *Channa punctatus* tratados com deltametrina em diferentes períodos de exposição subletal. A média e o desvio padrão são obtidos a partir de seis medições individuais. A alteração percentual dos lípidos totais em diferentes períodos de exposição é calculada em relação ao nível no meio de controlo (água doce sem deltametrina). A percentagem de recuperação do nível de lípidos totais aos 30 dias de exposição é calculada em relação ao nível do meio de controlo, que é fixado em 100%.

S.N.	Nome do tecido	Controlo	Períodos de exposição subletal				
			24 h	**7 dias**	**15 dias**	**20 dias**	**30 dias**
MACHO							
1	**Anfíbio**						
	Média	60.80	28.50	40.50	66.40	53.50	51.30
	S.D. +	3.040	1.475	2.175	3.320	2.825	2.565
	(variação em %)	-	(-53.12)	(-33.38)	(+9.210)	(-12.00)	(-15.62)
	% de recuperação	-	- .	-	-	-	84.375
	Teste t	-	P<0.001	P<0.01	NS	P<0.01	P<0.01
2	**Fígado**						
	Média	73.60	54.60	65.80	78.90	68.60	63.40
	S.D. +	3.680	2.830	3.415	3.945	3.530	3.270
	(variação em %)	-	(-25.81)	(-10.59)	(+7.201)	(-6.79)	(-13.85)
	% de recuperação	-	-	-	-	-	86.14
	Teste t	-	P<0.001	P<0.01	NS	P<0.05	P<0.01
3	**Músculo**						
	Média	25.70	16.90	19.60	30.50	21.80	18.90
	S.D. +	1.54	1.01	1.314	1.83	1.31	1.18

	(variação em %)	-	(-34.24)	(-23.73)	(+18.67)	(-15.17)	(-26.45)
	% de recuperação	-	-	-	-	-	73.54
	Teste t	-	P<0.001	P<0.01	P<0.05	NS	P<0.05
FEMININO							
1	**Anfíbio**						
	Média	64.50	31.60	45.60	69.50	59.80	51.60
	S.D. +	3.225	1.580	2.280	3.475	2.990	2.730
	(variação em %)	-	(-51.00)	(-29.30)	(+7.751)	(-7.2861)	(-20.00)
	% de recuperação	-	-	-	-	-	80.00
	Teste t	-	P<0.001	P<0.01	P<0.05	P<0.05	P<0.01
2	**Fígado**						
	Média	78.50	60.10	71.50	82.30	73.40	65.50
	S.D. +	3.925	3.005	3.575	4.115	3.670	3.475
	(variação em %)	-	(-23.43)	(-8.917)	(+4.840)	(-6.496)	(-16.56)
	% de recuperação	-	-	-	-	-	83.43
	Teste t	-	P<0.001	P<0.05	NS	P<0.05	P<0.01
3	**Músculo**						
	Média	28.50	19.50	24.10	32.60	24.70	19.90
	S.D. +	1.71	1.17	1.446	1.956	1.482	1.314
	(variação em %)	-	(-31.57)	(-15.43)	(+14.38)	(-13.33)	(-30.17)
	% de recuperação	-	-	-	-	-	69.82
	Teste t	-	P<0.001	NS	P<0.05	P<0.05	P<0.01

S.D. +: Desvio-padrão, P: Nível de significância, NS: Não-significativo

Tabela - 16: **Atividade de lipase** (μM/mg proteína/h) em indivíduos de *Channa punctatus* tratados com deltametrina em diferentes períodos de exposição subletal. A média e o desvio padrão são retirados de seis medições individuais. A alteração percentual na atividade da lipase em diferentes períodos de exposição é calculada em relação ao nível no meio de controlo (água doce sem deltametrina). A percentagem de recuperação do nível de atividade da lipase aos 30 dias de exposição é calculada em relação ao nível do meio de controlo, que é fixado em 100%.

S.N.	Nome do tecido	Controlo	Períodos de exposição subletal				
			24 h	7 dias	15 dias	20 dias	30 dias
MACHO							
1	**Anfíbio**						
	Média	158.60	170.10	150.70	135.70	140.60	153.60
	S.D. +	9.516	10.206	9.402	8.622	8.976	9.036
	(variação em %)	-	(+7.250)	(-4.98)	-14.43	(-11.34)	(-3.15)
	% de recuperação	-	-	-	-	-	96.84
	Teste t	-	P<0.05	NS	P<0.001	P<0.01	NS
2	**Fígado**						
	Média	330.60	400.20	304.50	255.90	260.70	305.70
	S.D. +	16.530	20.010	16.470	13.390	15.030	13.440

	(variação em %)	-	(+21.052)	(-7.89)	(-22.59)	(-21.14)	(-7.53)
	% de recuperação	-	-	-	-	-	92.46
	Teste t	-	P<0.01	P<0.01	P<0.001	P<0.01	P<0.05
3	**Músculo**						
	Média	78.50	88.70	70.60	58.90	58.40	71.80
	S.D. +	4.71	5.32	4.60	3.534	3.80	4.19
	(variação em %)	-	(+12.99)	(-10.06)	(-24.96)	(-25.60)	(-8.53)
	% de recuperação	-	-	-	-	-	91.46
	Teste t	-	P<0.01	P<0.05	P<0.001	P<0.01	P<0.05
FEMININO							
1	**Anfíbio**						
	Média	165.80	175.60	160.90	148.20	155.40	157.70
	S.D. +	8.290	8.780	8.045	7.410	7.770	7.935
	(variação em %)	-	(+5.910)	(-2.955)	(-10.615)	(-6.272)	(-4.88)
	% de recuperação	-	-	-	-	-	95.11
	Teste t	-	P<0.05	NS	P<0.001	P<0.01	P<0.05
2	**Fígado**						
	Média	398.10	425.90	375.70	315.60	326.80	350.60
	S.D. +	15.924	17.036	15.028	12.624	13.072	14.024
	(variação em %)	-	(+6.983)	(-5.626)	(-20.723)	(-17.910)	(-11.931)
	% de recuperação	-	-	-	-	-	88.06
	Teste t	-	P<0.05	NS	P<0.001	P<0.01	P<0.05
3	**Músculo**						
	Média	89.20	95.80	85.30	68.70	71.20	77.90
	S.D. +	5.352	5.748	5.118	4.122	4.272	4.674
	(variação em %)	-	(+7.399)	(-4.372)	(-22.98)	(-20.17)	(-12.66)
	% de recuperação	-	-	-	-	-	87.33
	Teste t	-	P<0.01	P<0.05	P<0.001	P<0.01	NS

S.D. +: Desvio-padrão, P: Nível de significância, NS: Não-significativo

Tabela - 17: **Ácidos gordos livres** (mg/g peso húmido) em indivíduos de *Channa punctatus* tratados com deltametrina em diferentes períodos de exposição subletal. A média e o desvio padrão são obtidos a partir de seis medições individuais. A alteração percentual do nível de ácidos gordos livres em diferentes períodos de exposição é calculada em relação ao nível no meio de controlo (água doce sem deltametrina). A percentagem de recuperação do nível de ácidos gordos livres aos 30 dias de exposição é calculada em relação ao nível no meio de controlo, que é fixado em 100%.

S.N.	**Nome do tecido**	**Controlo**	**Períodos de exposição subletal**				
			24 h	**7 dias**	**15 dias**	**20 dias**	**30 dias**
MACHO							
1	**Anfíbio**						
	Média	2.54	2.99	2.16	1.42	1.56	2.23
	S.D. +	0.127	0.149	0.118	0.081	0.088	0.111

	(variação em %)	-	(+17.71)	(-14.96)	(-44.09)	(-38.58)	(-12.20)
	% de recuperação	-	-	-	-	-	87.79
	Teste t	-	P<0.01	P<0.01	P<0.001	P<0.01	NS
2	**Fígado**						
	Média	6.56	6.89	6.28	5.12	5.41	6.12
	S.D. +	0.328	0.344	0.314	0.266	0.285	0.306
	(variação em %)	-	(+5.03)	(-4.26)	(-21.95)	(-17.53)	(-6.70)
	% de recuperação	-	-	-	-	-	93.29
	Teste t	-	P<0.01	P<0.01	P<0.001	P<0.01	P<0.05
3	**Músculo**						
	Média	1.56	2.19	1.32	0.97	1.08	1.36
	S.D. +	0.09	0.13	0.08	0.06	0.064	0.07
	(variação em %)	-	(+40.38)	(-15.38)	(-37.82)	(-30.76)	(-12.82)
	% de recuperação	-	-	-	-	-	87.17
	Teste t	-	P<0.01	P<0.01	P<0.001	P<0.01	P<0.05
FEMININO							
1	**Anfíbio**						
	Média	2.99	3.16	2.69	1.81	1.98	2.52
	S.D. +	0.149	0.158	0.134	0.090	0.099	0.126
	(variação em %)	-	(+5.685)	(-10.03)	(-39.46)	(-33.77)	(-15.71)
	% de recuperação	-	-	-	-	-	84.28
	Teste t	-	P<0.05	P<0.01	P<0.001	P<0.01	P<0.05
2	**Fígado**						
	Média	6.91	7.25	6.69	5.61	5.92	6.23
	S.D. +	0.414	0.435	0.401	0.336	0.355	0.373
	(variação em %)	-	(+4.920)	(-3.183)	(-18.81)	(-14.32)	(-9.840)
	% de recuperação	-	-	-	-	-	90.15
	Teste t	-	P<0.01	P<0.05	P<0.001	P<0.01	P<0.05
3	**Músculo**						
	Média	1.76	2.35	1.57	1.16	1.30	1.42
	S.D. +	0.123	0.164	0.109	0.081	0.097	0.106
	(variação em %)	-	(+33.52)	(-10.79)	(-34.09)	(-26.13)	(-19.31)
	% de recuperação	-	-	-	-	-	80.68
	Teste t	-	P<0.01	P<0.05	P<0.001	P<0.01	P<0.05

S.D. +: Desvio-padrão, P: Nível de significância, NS: Não-significativo

Atividade da lipase e ácidos gordos livres

A partir dos dados apresentados nos quadros - 16 e 17, verifica-se que os níveis da atividade da lipase e dos ácidos gordos livres aumentaram às 24 horas de exposição em relação ao controlo e diminuíram gradualmente ao longo dos 7 e 15 dias de exposição. A partir dos 15th dias, os seus níveis aumentaram gradualmente e aproximaram-se do controlo aos 30 dias de exposição, tanto nos machos como nas fêmeas de *Channa punctatus*, com valores ligeiramente mais elevados nas fêmeas do que nos machos.

Discussão

São muitos os estudos sobre o envolvimento dos lípidos em peixes de água doce expostos a pesticidas e metais (Gutpa e Tyagi, 1978; Sanyal *et al.*, 1979; Cherfuka *et al.*, 1980; Kaphalino *et al.*, 1981; Madhu, 1983; Swami *et al.*, 1983; Tewari *et al.*, 1987; Sivaramakrishna *et al.*, 1992; Giridhar, 1997). O envolvimento dos lípidos nos peixes expostos à toxicidade pode ser razoavelmente esperado por duas razões. Por um lado, para satisfazer as necessidades energéticas adicionais e, por outro, para fornecer uma quantidade suplementar de água necessária para a osmoconcentração dos fluidos corporais. Todos estes estudos revelaram alterações no metabolismo dos lípidos em animais expostos a substâncias tóxicas.

No presente estudo, em relação aos controlos, os níveis de lípidos totais diminuíram, ao passo que a atividade da lipase e os níveis de ácidos gordos livres seguiram uma tendência oposta às 24 h. A diminuição do teor de lípidos totais pode dever-se à utilização de lípidos para satisfazer a elevada procura de energia associada à situação de stress (Ganesan *et al.*, 1989; Maruthi e Subba Rao, 2000). Sivaprasada Rao e Ramana Rao (1979) referem que a diminuição dos lípidos totais pode dever-se às necessidades energéticas necessárias para resistir ao stress tóxico agudo, uma vez que o teor de glicogénio também diminuiu drasticamente.

A atividade da lipase indica a fase inicial da utilização de lípidos, para além de provocar a mobilização de lípidos através da hidrólise que leva à libertação de ácidos gordos e glicerol (Bilinski, 1969) e também a síntese de gorduras neutras pela sua ação inversa (George e Talesara, 1962). No presente estudo, verifica-se que a elevação da atividade da lipase e dos ácidos gordos livres foi seguida de uma diminuição significativa dos lípidos totais. A elevação da atividade da lipase após exposição a uma concentração subletal de deltametrina indica um aumento do metabolismo lipídico que envolve a mobilização e a utilização de triglicéridos. A atividade da lipase aumentou inicialmente às 24 horas, seguindo-se a sua inibição nos períodos de exposição de 7 e 15 dias. Isto é claramente evidente pelo declínio drástico dos ácidos gordos livres e pela elevação dos lípidos totais até aos 15 dias. Assim, a percentagem máxima de inibição da atividade da lipase e dos ácidos gordos livres foi observada no período de exposição de 15 dias, enquanto os níveis de lípidos totais seguiram uma tendência oposta.

Foi registada uma diminuição significativa dos lípidos totais seguida de uma elevação da atividade da lipase e dos ácidos gordos livres nos tecidos do peixe *Labeo rohita* após exposição a uma concentração subletal de Nuvan (Giridhar e Indira, 1997). Kamble e Muley (2000) registaram uma diminuição significativa dos lípidos totais em *Sarotherodon mossambicus* após exposição ao endossulfão e ao cloropirifos. Todos os relatórios supramencionados corroboram a presente diminuição dos lípidos totais e a elevação dos ácidos gordos livres.

Os ácidos gordos livres elevados podem sofrer uma β-oxidação que conduz à formação de acetil-

CoA, a fim de satisfazer a procura iminente de energia resultante do stress tóxico. A deltametrina induziu a mobilização de lípidos através da estimulação da atividade da lipase, decompondo os lípidos em ácidos gordos livres. Estes ácidos gordos livres entram no ciclo de utilização nos tecidos dos peixes. O teor de lípidos diminuiu nos organismos expostos a compostos organoclorados e organofosforados (Srinivasulu Reddy e Ramana Rao, 1989; Fernando e Andor-Moliner, 1991). Aparentemente, é necessária uma grande quantidade de energia para os organismos aquáticos se adaptarem aos pesticidas (Srinivasulu Reddy e Ramana Rao, 1989).

Na última metade da exposição, a atividade da lipase e os níveis de ácidos gordos livres aumentaram e aproximaram-se do controlo aos 30 dias de exposição, ao passo que os lípidos totais seguiram uma tendência oposta e aproximaram-se do controlo. Swami *et al.*, (1983) observaram uma mudança metabólica do metabolismo dos hidratos de carbono para o metabolismo dos lípidos através da barreira acetil-CoA, o que levou a um aumento dos lípidos nos órgãos do mexilhão de água doce, *Lamellidens marginalis,* sob toxicidade de pesticidas. Isto também apoia a tendência atual de aumento dos lípidos totais correspondente a um aumento da lipogénese nos órgãos de ambos os sexos de *Channa punctatus* sob stress subletal de deltametrina.

A diminuição dos lípidos totais a partir dos 15th dias e a aproximação ao controlo aos 30 dias de exposição indicam a capacidade de um animal sobreviver num ambiente menos tóxico através da estabilização do sistema de órgãos para ativar todos os mecanismos de desintoxicação. O metabolismo lipídico está altamente envolvido nos órgãos do peixe *Channa punctatus* em ambos os sexos quando exposto a uma concentração subletal de deltametrina. A compensação metabólica envolve a decomposição e a síntese dos produtos necessários para fazer face a uma situação alterada. Em conclusão, as alterações no metabolismo dos lípidos destinam-se a compensar a situação apresentada pelo peixe para a sua sobrevivência.

IX. ESTUDOS ENZIMÁTICOS

Introdução

Os piretróides sintéticos têm uma ação distinta, dependendo da presença ou ausência do grupo α-ciano. A deltametrina causa uma toxicidade semelhante à do DDT, enquanto outros piretróides mostraram toxicidade através da inibição dos sistemas ATPase e AChE.

A acetilcolinesterase é uma enzima que regula a quantidade do neurotransmissor actilcolina nas junções dos neurónios (Rainsford, 1978). A combinação da enzima (AChE) e do substrato (ACh) resulta na formação da enzima com ambos os seus sítios activos, permitindo uma transmissão suave do impulso nervoso. Os efeitos inibitórios dos piretróides sintéticos sobre a colinesterase são geralmente considerados como a base desta atividade biológica. Por conseguinte, a estimativa da AChE em peixes revelou-se valiosa na deteção da poluição de ambientes frescos e marinhos.

Ghosh e Bhattacharya (1992) relataram a inibição da atividade da AChE por metacid-50 e carbaril em *Channa punctatus.* Foi observada uma inibição da atividade da AChE no peixe *Channa punctatus* quando exposto a elsan (Rao *et al.,* 1985). Malla Reddy *et al.,* (1991) registaram a regulação do sistema AChE em *Cyprinus carpio* sob a toxicidade do fenvalerato. Bashamohideen e Sailabala (1988) estudaram a inibição da atividade da AChE e o aumento do teor de ACh em *Cyprinus carpio após* exposição a uma concentração subletal de malatião.

Além disso, Koundinya e Ramamurthy (1979) registaram uma diminuição da atividade da AChE e uma acumulação do teor de ACh em diferentes tecidos de *Tilapia mossambicus* expostos ao sumathion e à sevin. A inibição da atividade da AChE está diretamente relacionada com o sumathion e a sevin. A inibição da atividade da AChE está diretamente relacionada com a concentração do pesticida e o período de exposição (Sambasiva Rao *et al.,* 1985). A inibição da atividade da AChE foi considerada um parâmetro importante na avaliação dos efeitos toxicogénicos complexos de vários tóxicos, incluindo pesticidas (Bradbury *et al.,* 1987).

Resultados

São apresentados os dados sobre os níveis de atividade da AChE e o teor de ACh no cérebro, rim, fígado e músculo de machos e fêmeas de *Channa punctatus* às 24 h, 7, 15, 20 e 30 dias de exposição à concentração subletal de deltametrina, para além do controlo (Quadros - 18 e 19).

Quadro - 18: **Atividade da acetilcolinesterase** (μM acetilcolina hidrolisada/mg proteína/h) em indivíduos de *Channa punctatus* tratados com deltametrina em diferentes períodos de exposição subletal. A média e o desvio padrão são obtidos a partir de seis medições individuais. A alteração percentual da atividade da acetilcolinesterase em diferentes períodos de exposição é calculada em relação ao nível no meio de controlo (água doce sem deltametrina). A percentagem de recuperação do nível de atividade da acetilcolinesterase aos 30 dias de exposição é calculada em relação ao nível do meio de controlo, que é fixado em 100%.

S.N.	Nome do tecido	Controlo	Períodos de exposição subletal				
			24 h	7 dias	15 dias	20 dias	30 dias
MACHO							
1	**Cérebro**						
	Média	1462.8	1830.5	1097.4	845.1	1001.5	1379.8
	S.D. +	2.15	1.80	1.94	0.93	1.53	1.83
	(variação em %)	-	(+25.13)	(-24.97)	(-42.22)	(-31.53)	(-5.6)
	% de recuperação	-	-	-	-	-	94.32
	Teste t	-	P<0.001	P<0.001	P<0.001	P<0.001	P<0.05
2	**Rim**						
	Média	181.6	213.9	150.6	127.5	150.9	169.8
	S.D. +	0.41	0.35	0.76	0.61	0.27	0.34
	(variação em %)	-	(+17.78)	(-17.07)	(-29.79)	(-16.9)	(-64.00)
	% de recuperação	-	-	-	-	-	93.50
	Teste t	-	P<0.01	P<0.01	P<0.001	P<0.01	P<0.05
3	**Fígado**						
	Média	242.1	288.9	216.4	160.5	19.2	239.6
	S.D. +	0.61	0.35	0.29	0.74	0.44	0.33
	(variação em %)	-	(+19.33)	(-10.61)	(-33.70)	(-20.52)	(-1.03)
	% de recuperação	-	-	-	-	-	98.96
	Teste t	-	P<0.01	P<0.01	P<0.001	P<0.01	NS
4	**Músculo**						
	Média	974.1	1149.8	884.2	672.4	84.6	960.4
	S.D. +	1.13	1.35	0.96	1.06	1.14	0.85
	Variação em %	-	(+18.03)	(-9.22)	(-30.97)	(-30.97)	(-1.40)
	% de recuperação	-	-	-	-	-	98.59
	Teste t	-	P<0.001	P<0.01	P<0.001	P<0.001	P<0.05
FEMININO							
1	**Cérebro**						
	Média	1460.1	1826.1	1093.4	843.4	998.4	1375.9
	S.D. +	2.16	1.79	1.91	0.91	1.51	1.80
	(variação em %)	-	(+25.06)	(-25.11)	(-42.23)	(-31.62)	(-5.76)
	% de recuperação	-	-	-	-	-	94.23
	Teste t	-	P<0.001	P<0.001	P<0.001	P<0.001	P<0.05
2	**Rim**						
	Média	178.4	210.1	148.4	125.6	146.7	160.9
	S.D. +	0.40	0.34	0.71	0.60	0.26	0.35
	(variação em %)	-	(+17.76)	(-16.81)	(-29.59)	(-17.76)	(-9.80)
	% de recuperação	-	-	-	-	-	90.19
	Teste t	-	P<0.01	P<0.01	P<0.001	P<0.01	P<0.05
3	**Fígado**						

	Média	241.1	285.6	214.1	157.6	188.9	235.4
	S.D. +	0.62	0.34	0.28	0.73	0.43	0.34
	(variação em %)	-	(+18.45)	(-11.19)	(-34.63)	(-21.65)	(-2.36)
	% de recuperação	-	-	-	-	-	97.63
	Teste t	-	P<0.01	P<0.01	P<0.001	P<0.01	P<0.05
4	**Músculo**						
	Média	970.4	1139.9	879.9	668.7	841.9	950.7
	S.D. +	1.12	1.34	0.96	1.02	1.13	0.87
	Variação em %	-	(+17.46)	(-9.32)	(-31.09)	(-13.24)	(-2.03)
	% de recuperação	-	-	-	-	-	97.96
	Teste t	-	P<0.001	P<0.01	P<0.001	P<0.01	P<0.05

S.D. +: Desvio-padrão, P: Nível de significância, NS: Não-significativo

Tabela - 19: **Teor de acetilcolina** (µg/g peso húmido) em indivíduos de *Channa punctatus* tratados com Deltametrina em diferentes períodos de exposição subletal. A média e o desvio padrão são retirados de seis medições individuais. A alteração percentual no conteúdo de acetilcolina em diferentes períodos de exposição é calculada em relação ao nível no meio de controlo (água doce sem Deltametrina). A percentagem de recuperação do teor de acetilcolina aos 30 dias de exposição é calculada em relação ao nível do meio de controlo, que é fixado em 100%.

S.N.	**Nome do tecido**	**Controlo**		**Subletal**	**exposição**	**períodos**	
			24 h	**7 dias**	**15 dias**	**20 dias**	**30 dias**
MACHO							
1	**Cérebro**						
	Média	432.4	301.1	484.8	545.9	462.4	415.1
	S.D. +	0.97	1.14	1.30	1.07	0.87	0.43
	(variação em %)	-	(-30.36)	(+12.11)	(+26.24)	(+6.93)	(-4.00)
	% de recuperação	-	-	-	-	-	95.99
	Teste t	-	P<0.001	P<0.001	P<0.001	P<0.01	P<0.05
2	**Rim**						
	Média	804.4	663.1	780.3	889.6	836.7	789.1
	S.D. +	2.11	1.07	0.87	0.99	1.14	1.31
	(variação em %)	-	(-17.56)	(-2.99)	(+10.59)	(+4.01)	(-1.90)
	% de recuperação	-	-	-	-	-	98.09
	Teste t	-	P<0.001	P<0.05	P<0.001	P<0.01	NS
3	**Fígado**						
	Média	846.7	619.8	820.4	984.9	876.1	830.4
	S.D. +	1.17	1.31	0.84	2.10	1.10	0.98
	(variação em %)	-	(-26.79)	(-3.10)	(+16.32)	(+3.47)	(-1.92)
	% de recuperação	-	-	-	-	-	98.07
	Teste t	-	P<0.001	P<0.01	P<0.001	P<0.01	P<0.05
4	**Músculo**						
	Média	286.4	221.9	310.0	359.9	322.9	270.5

	S.D. +	0.31	0.65	0.73	0.97	0.81	0.57
	(variação em %)	-	(-22.52)	(+8.17)	(+25.66)	(+12.74)	(-5.55)
	% de recuperação	-	-	-	-	-	94.44
	Teste t	-	P<0.001	P<0.01	P<0.001	P<0.01	P<0.05
FEMININO							
1	**Cérebro**						
	Média	429.9	299.9	479.8	540.6	459.6	410.5
	S.D. +	0.93	0.98	1.26	1.06	0.85	0.43
	(variação em %)	-	(-30.23)	(+11.60)	(+25.75)	(+6.90)	(-4.51)
	% de recuperação	-	-	-	-	-	95.48
	Teste t	-	P<0.001	P<0.01	P<0.001	P<0.01	P<0.05
2	**Rim**						
	Média	798.8	659.4	778.9	883.4	833.6	780.4
	S.D. +	2.08	1.04	0.86	0.97	1.13	1.30
	(variação em %)	-	(-17.45)	(-2.49)	(+10.59)	(+4.35)	(-2.30)
	% de recuperação	-	-	-	-	-	97.69
	Teste t	-	P<0.001	P<0.05	P<0.001	P<0.01	P<0.05
3	**Fígado**						
	Média	843.9	619.6	815.9	979.8	872.4	820.5
	S.D. +	1.16	1.32	0.86	2.05	1.11	0.99
	(variação em %)	-	(-26.57)	(-3.31)	(+16.10)	(+3.37)	(-2.77)
	% de recuperação	-	-	-	-	-	97.22
	Teste t	-	P<0.001	P<0.01	P<0.001	P<0.01	P<0.05
4	**Músculo**						
	Média	280.9	220.4	301.3	352.6	312.6	261.6
	S.D. +	0.32	0.64	0.67	0.89	0.76	0.61
	(variação em %)	-	(-21.53)	(+7.26)	(+25.52)	(+11.28)	(-6.87)
	% de recuperação	-	-	-	-	-	93.12
	Teste t	-	P<0.001	P<0.01	P<0.001	P<0.01	P<0.05

S.D. +: Desvio-padrão, P: Nível de significância, NS: Não-significativo

Atividade da AChE e teor de ACh

A partir dos dados apresentados nos quadros - 18 e 19, verifica-se que os níveis de atividade da AChE aumentaram às 24 h em relação ao controlo em todos os órgãos, enquanto o teor de ACh seguiu uma tendência oposta. Os níveis de atividade da AChE vão diminuindo ao longo dos 7 dias e continuam até aos 15 dias, correspondendo aos níveis de ACh que vão aumentando. A partir dos 15th dias, os níveis de atividade da AChE aumentam gradualmente e aproximam-se do controlo aos 30 dias de exposição, ao passo que os níveis de teor de ACh seguem uma tendência oposta e aproximam-se do controlo no final do período de exposição de 30 dias em ambos os sexos de *Channa punctatus*.

Discussão

A acetilcolina, uma substância neurotransmissora na junção das células nervosas, é afetada por uma enzima substrato, a acetilcolinesterase (O'Brien, 1967). A diminuição dos perfis cerebrais sob stress de deltametrina foi documentada por Bashamohiden e Malla Reddy (1987). Estes insecticidas provocaram uma inibição significativa da atividade da acetilcolinesterase (AChE) no cérebro, acompanhada de um aumento simultâneo da acetilcolina (ACh). Sambasiva Rao *et al.*, (1985) estudaram o efeito do elsan na atividade da AChE no peixe *Channa punctatus* e verificaram que a atividade da AChE foi inibida em todos os tecidos. A atividade da AChE revelou a maior inibição no cérebro, seguida do fígado e do músculo. Bandhopadhyay (1982) observou a inibição da acetilcolinesterase no cérebro de ratos pela permetrina e concluiu que a permetrina inibia significativamente a atividade da AChE em condições *in vivo*.

Os pesticidas organofosforados (OP) inibem a atividade da colinesterase em quase todos os tecidos animais (O'Brien, 1969; Goodman *et al.,* 1979). A inibição da atividade da AChE foi considerada um parâmetro importante na avaliação dos efeitos toxicogénicos complexos de vários tóxicos, incluindo os pesticidas (Bhattacharya e Josh, 1981; Bhagylakshmi *et al.,* 1984b, 1985). Em condições normais, a enzima AChE forma inicialmente um complexo com o substrato ACh, que depois acetila a enzima com a libertação de colina. A desacetilação ocorre pela reação da água com o acetileno e forma ácido acético, com o qual a enzima livre original reage de forma precisamente análoga à do substrato normal e forma um complexo pesticida-enzima, em vez de uma enzima acetilada (Corbett *et al.,* 1984).

Os organoclorados também perturbam a atividade nervosa, prolongando a corrente de entrada de Na^+ e suprimindo também o aumento da permeabilidade de K^+ , conduzindo assim à acumulação de ACh nas junções sinápticas (Narahashi, 1976; Narahasi e Lund, 1980). A supressão da atividade da AChE correspondeu à elevação proporcional do teor de ACh no tecido nervoso e muscular dos peixes expostos à deltametrina.

No presente estudo, foram analisadas as alterações na atividade da AChE e no teor de ACh durante a exposição de machos e fêmeas de *Channa puntatus a um* piretróide sintético, a deltametrina. Os dados sobre a atividade da AChE e o teor de ACh revelaram a inibição da atividade enzimática seguida de um aumento concomitante do teor de ACh em todos os tecidos como o cérebro, os rins, o fígado e o músculo de machos e fêmeas de *Channa punctatus* expostos à deltametrina. A partir dos dados, é evidente que a atividade da AChE foi subitamente activada durante 24 horas de exposição. O aumento da atividade da AChE pode dever-se ao stress da poluição.

Do mesmo modo, Satyadevan *et al.* (1993) registaram uma elevação inicial da atividade da acetilcolinesterase no cérebro de *Cyprinus carpio* exposto a um organofosforado, o dimetoato. Kufesak *et al.,* (1994) registaram uma elevação inicial da atividade da acetilcolinesterase na carpa após exposição a pesticidas. Nisar Ahmed (1994) registou uma elevação inicial e uma maior inibição da atividade da AChE na carpa maior *Catla catla* após exposição à deltametrina.

Mas em períodos posteriores, como 7 dias e 15 dias de exposição, a atividade da AChE foi reduzida ao mínimo no período de exposição de 15 dias à deltametrina. A inibição da atividade da AChE resultou na acumulação de acetilcolina (ACh) em diferentes períodos de exposição subletal à deltametrina. Do mesmo modo, Heath (1961) e O'Brein (1967) referiram que os insecticidas OP reagem com a AChE, formando uma enzima fosforilada; esta enzima fosforilada inibe a AChE durante várias semanas (Coppage e Duke, 1971; Post e Leisure, 1974), inibição essa observada no presente estudo. Gosh e Bhattacharya (1992) registaram uma inibição significativa da atividade da AChE cerebral acompanhada de um aumento simultâneo do teor de ACh em *Channa punctatus* exposta ao carbonilo e ao metacido-50.

De acordo com os biólogos e químicos ambientais, a medição da atividade cerebral da AChE nos animais aquáticos indica o grau de poluição do ambiente que estes habitam. A inibição da atividade da AChE está diretamente relacionada com a concentração de pesticidas e a duração da exposição (Coppage, 1972; Macek *et al.*, 1972). Koundinya e Ramamurthy (1979a) também relataram uma maior inibição da atividade da AChE com maior elevação do teor de ACh no cérebro do que no músculo da *Tilapia mossambicus* quando exposta ao sumathion.

De acordo com Coppage *et al.* (1975), a inibição da atividade da AChE no cérebro até ao nível de 70-80% é crítica para os peixes. A inibição da atividade da AChE pode resultar na acumulação do conteúdo de ACh, o que leva à consequente perda de coordenação muscular e nervosa. Bradbury (1973) observou a prostração e o tétano muscular maciço seguido de morte em *Carcinus manes* após a administração de paratião.

No entanto, aos 30 dias de exposição, a atividade inibidora diminuiu tanto nos machos como nas fêmeas de *Channa punctatus* e aproximou-se do nível normal. Assim, os peixes machos e fêmeas de *Channa punctatus* recuperaram razoavelmente da atividade inibitória nos tecidos e a recuperação foi maior nos machos do que nas fêmeas. A recuperação concomitante da atividade da AChE durante o período de exposição de 30 dias pode dever-se ao metabolismo ativo da deltametrina, que está a ser removida do local de ação, permitindo assim que a enzima retome a hidrólise da ACh sem entraves.

X. AVALIAÇÃO DO IMPACTO AMBIENTAL

Introdução

Bioacumulação/Bioconcentração

A avaliação do impacto ambiental é o processo científico através do qual as propriedades tóxicas de uma substância são identificadas e avaliadas. A USEPA concentrou esforços consideráveis no desenvolvimento de procedimentos para avaliar o impacto da exposição da comunidade a substâncias tóxicas como carcinogéneos (Patrik e Anderson, 1990). Desde 1976 que se registaram melhorias significativas no processo de avaliação do impacto. A Academia Nacional de Ciências publicou o seu relatório sobre a gestão da avaliação de impacto pelo Governo Federal (NAS, 1983). Os factores importantes do impacto são a quantidade de produto químico no alvo (por meio da exposição) e a potência do produto químico para causar danos (por meio da toxicidade). Esta maquinaria de avaliação do impacto inclui a toxicidade da substância, a relação dose-resposta e a avaliação da exposição, tal como descrito em pormenor por Rodricks e Taylor (1983). Recentemente, Bashamohideen (2001) discutiu a avaliação do impacto ambiental tomando o peixe como animal experimental.

Toxicidade da substância

Geralmente, todas as substâncias químicas causam lesões ou danos aos organismos em determinadas condições de exposição. A determinação das propriedades tóxicas de uma substância é o primeiro passo fundamental na avaliação do risco ambiental. Os efeitos tóxicos são de dois tipos: agudos e crónicos. Os efeitos agudos são, na sua maioria, letais e resultam de uma única ou de muito poucas exposições de curta duração a uma substância química. Normalmente, apresentam um conjunto rápido de sintomas e indicam lesões nulas a graves. Os efeitos crónicos são exposições a longo prazo que não se manifestam durante um período de tempo considerável após a exposição e, nestas exposições, há uma tendência do animal para recuperar do stress químico.

Relação dose-resposta

A relação quantitativa entre a extensão da exposição a uma substância e o grau de lesão tóxica produzida é designada por relação dose-resposta. Este princípio fundamental da toxicidade prevê que não ocorrerá qualquer lesão se a dose for suficientemente baixa. Esta dose "limiar" pode normalmente ser demonstrada para efeitos agudos e crónicos de uma substância. Esta relação entre a dose e a resposta é de importância fulcral na avaliação dos riscos. Uma das vantagens da experimentação animal, em comparação com os estudos em seres humanos, é a relativa facilidade com que esta relação pode ser estabelecida. A relação dose-resposta pode ser estudada com precisão se forem utilizadas doses específicas para respostas tóxicas adequadas. As relações dose-resposta podem variar entre espécies animais e serão marcadamente influenciadas pela duração, momento e frequência da exposição e pela via de administração da substância.

Avaliação da exposição

A substância química tóxica só pode causar um efeito num organismo vivo se entrar em contacto com esse organismo. A exposição é a quantidade de produto químico com que um indivíduo ou uma população entra em contacto durante um determinado período de tempo. As oportunidades de medir a exposição efectiva são raras, no entanto, geralmente a exposição deve ser uma estimativa a partir de informações sobre os níveis de uma substância química no ambiente. Há uma variedade de vias de exposição possíveis resultantes da libertação de uma substância química tóxica no ar, nas águas superficiais e no solo.

A avaliação da exposição pode ser estudada através da dose de uma substância química, ou seja, a quantidade que entra no organismo, normalmente medida em miligramas (mg). A concentração da substância química presente nos alimentos é frequentemente expressa em partes por milhão (ppm) da dieta ou em miligramas da substância por quilograma (kg) de dieta. Multiplicando a concentração da substância química pela quantidade de alimento ingerido, obtém-se a quantidade (mg) de substância consumida. Esta quantidade é normalmente dividida pelo peso corporal ou pelo organismo que ingere a substância química, expresso em quilogramas (kg). Dado que o tempo é muito importante na avaliação, a dose é normalmente indicada como a quantidade por unidade de tempo, geralmente por dia, daí a expressão da dose em mg/kg (peso corporal)/dia. Um aspeto importante na avaliação da exposição é a quantidade de dose consumida que surge no órgão-alvo ou nas células-alvo. Esta varia consoante a forma como as diferentes espécies absorvem, desintoxicam e excretam a substância química. A avaliação indireta dos riscos também pode ser feita através da estimativa da quantidade de substância química concentrada nos tecidos dos peixes em função do tempo de exposição.

Assim, as abordagens na avaliação dos riscos ecológicos baseiam-se normalmente na estimativa da probabilidade de os organismos serem expostos a concentrações ambientais de substâncias químicas superiores a um determinado critério toxicológico (CL_{50}, NOEL). Seguindo esta abordagem, podem ser derivadas normas de qualidade para substâncias químicas persistentes em amostras de solo e água. No caso de substâncias químicas facilmente degradáveis emitidas a intervalos regulares, o risco ecológico pode ser relacionado com o tempo necessário para que a concentração de substâncias químicas desça para um nível que não cause qualquer efeito em 95% das espécies (Van Stralen *et al.*, 1992). Está bem documentada uma revisão exaustiva da apresentação da síntese das informações disponíveis sobre os insecticidas piretróides recentemente desenvolvidos, com vista a avaliar o risco ambiental para a pesca e os ecossistemas aquáticos (Khan, 1983). Agnihotri *et al.* (1986) registaram a persistência dos piretróides sintéticos na água, no solo e nos sedimentos, que foi considerada moderada.

A este respeito, é feita uma boa avaliação do impacto entre a população humana e o consumo de peixe como alimento na investigação de Humphrey (1987), em que o consumo humano de peixe desportivo representa uma via significativa de exposição a contaminantes químicos aquáticos. Para investigar este facto, foi criada uma coorte de residentes do Michigan, que foi avaliada em 1974 e 1981. As concentrações de PCB, DDT e DDE dominaram os contaminantes encontrados nas amostras de sangue. As pessoas que comiam regularmente peixe do Lago Michigan apresentavam PCBs com propriedades tóxicas, encontrados em níveis elevados nos consumidores de peixe.

Recentemente, no que respeita à avaliação dos riscos ambientais, foi realizado um estudo sobre a relação entre o consumo de peixe e o clordano no soro. A contaminação do peixe indica claramente o risco de exposição humana e que quanto menor for o número de peixes contaminados, menor é o risco de exposição humana. Todas as pessoas que consomem peixe de rio apresentam níveis séricos de clordano mais elevados do que as pessoas que não consomem peixe. Aparentemente, a população humana pode ser um recetor final de substâncias químicas persistentes e outras substâncias tóxicas encontradas no ambiente. Recentemente, Bashamohideen (1997, 1999) relatou as formas e meios de medir o impacto ambiental e o risco durante a exposição de peixes a pesticidas.

Fator de bioconcentração (BCF)

A avaliação do impacto ambiental pode ser estudada através da determinação do fator de bioconcentração (BCF). A taxa de um produto químico no ambiente aquático é parcialmente determinada pelo potencial de bioacumulação. O fator de bioconcentração (BCF) parece estar estreitamente relacionado com a lipofilicidade, que pode ser medida pelo coeficiente de partição octono-água ou pela solubilidade em água. A lei neerlandesa relativa aos pesticidas exige que os requerentes forneçam uma indicação do potencial de bioacumulação. Para os compostos facilmente dissolvidos em água, os requerentes podem referir-se ao limite de solubilidade em água de 2000 mg/l, proposto pelo grupo de peritos da OCDE sobre degradação e acumulação (OCDE, 1985). Este grupo afirmou que, em geral, não é necessário determinar a bioacumulação de substâncias químicas orgânicas não ionizadas se a solubilidade for superior a 2000 mg/l ou se o coeficiente de partição octonol-água for inferior a 3 (Vangestel *et al.*, 1985).

O fator de bioconcentração (BCF) é o rácio entre a concentração de uma substância química num organismo aquático e a concentração em equilíbrio. As substâncias químicas com um BCF elevado têm potencial para se acumularem na cadeia alimentar, como nos peixes e nas aves. Quando os valores medidos do FBC não estão disponíveis, os FBC podem ser estimados a partir da solubilidade em água ou do coeficiente de partição octonol-água, partindo do princípio de que a substância química é rapidamente metabolizada pelo organismo aquático. As substâncias químicas com BCFs superiores a 1000 foram seleccionadas como tendo um potencial significativo de bioconcentração e as substâncias químicas com um valor superior a 250 foram consideradas como tendo um baixo potencial de bioconcentração (USEPA, 1989). Os compostos com BCF inferior a 100 são considerados como não sendo significativamente bioacumuláveis. O seu esquema de classificação baseia-se na toxicidade, persistência e bioacumulação.

Além disso, foi demonstrado que a bioconcentração de várias substâncias químicas no músculo dos peixes segue uma relação linear com o coeficiente de partição (Brock Neely *et al.*, 1974). Outro critério importante que foi revelado no estudo do FBC com referência a qualquer substância química é que se deve ter em conta que o metabolismo do agente pode ser um processo muito ativo (Smith e Stratton, 1986). Consequentemente, a quantidade total de substância no ecossistema no ambiente permanecerá relativamente fixa.

Índice de risco (HI)

O índice de perigo é a técnica de avaliação de impactos mais aceite (Dourson e Clark, 1990). Os impactos crónicos são quantificados como índices de perigo e quando o índice de perigo excede um, podem ocorrer efeitos crónicos adversos para a saúde. O índice de perigo pode ser calculado dividindo a ingestão diária calculada (CDI) pela ingestão diária aceitável (ADI). A dose diária aceitável é estabelecida seleccionando o NOEL mais baixo obtido a partir de experiências científicas e dividindo-o pelo fator de incerteza. A política atual utiliza um fator de 100 para ter em conta as incertezas envolvidas na extrapolação dos animais para os seres humanos (Rodricks e Taylor, 1983).

A este respeito, na Índia, Raizada e Srivastava (1993) fizeram uma avaliação da classificação do perigo dos pesticidas com base na toxicidade oral aguda (valor LC_{50}) e na respectiva dose diária aceitável (valor ADI). Esta investigação sobre a avaliação dos riscos ambientais revela claramente que a DL_{50} e a DDA de um pesticida são inversamente proporcionais à sua toxicidade e vice-versa. Assim, a DDA é normalmente definida como a quantidade de uma substância química a que uma pessoa pode ser exposta diariamente durante um período de tempo alargado sem sofrer um efeito deletério. O conceito de DDA tem sido frequentemente utilizado como instrumento para tomar decisões de avaliação dos riscos, por exemplo, para estabelecer níveis admissíveis de contaminantes na água e nos alimentos para peixes.

Estudos de recuperação

Verifica-se que os peixes se adaptam aos poluentes através da sua capacidade de recuperação durante o stress tóxico. A extensão da recuperação pode ser considerada diretamente como um bom indicador da taxa de adaptação da população de peixes e um sinal indireto da taxa de risco para o ambiente e para o biota durante o stress tóxico. A condição para a recuperação de um ecossistema após perturbação por um tóxico é o desaparecimento do próprio tóxico (Van Stralen *et al.*, 1992). Por conseguinte, enquanto a substância química estiver disponível em concentrações tóxicas, o sistema pode compensar os efeitos através de respostas fisiológicas nos indivíduos, de alterações na composição genética das populações ou de alterações na composição das espécies das comunidades. No caso das substâncias químicas persistentes, a avaliação regular dos riscos baseia-se na premissa de que uma substância química não causará danos a um organismo ou a um ecossistema se a sua concentração for inferior à NOEC (concentração efectiva não observada). Nos estudos que envolvem a toxicologia dos pesticidas, diz-se geralmente que a recuperação está completa quando os parâmetros fisiológicos e bioquímicos regressam aos seus níveis normais. A degradação da substância química parece ser sempre seguida de uma recuperação ecológica, embora esta última se atrase.

Um organismo não visado que é suprimido em apenas 20%, mas que não consegue recuperar, corre muito mais riscos devido à exposição a um pesticida do que um organismo que é suprimido em 90% durante um curto período devido ao seu elevado potencial de recuperação (Thacker e Jespson, 1993). Estas constatações sublinham a importância da taxa de recuperação como elemento importante da avaliação dos riscos, pois demonstram a classificação do risco devido ao stress tóxico. Recentemente, foram efectuados estudos desta natureza (Duffield e Backer, 1990; Bashamohideen, 1996,1997,1999). Se se pretende desenvolver previsões de risco eficazes relativamente aos efeitos adversos dos pesticidas, então é evidente que o potencial de recuperação ecológica pode ser qualificado.

Resultados

Bioacumulação/Bioconcentração

No presente estudo, verificou-se que os tecidos de machos e fêmeas de *Channa punctatus* acumulavam deltametrina (mais nas fêmeas do que nos machos) em quantidades significativas desde as 24 horas até aos 7 dias, tendo-se observado uma bioconcentração máxima de deltametrina aos 15 dias (quadro - 20). Na última metade do período de exposição, a bioconcentração continua a diminuir e os peixes apresentaram uma boa recuperação no final do período de exposição de 30 dias, sendo a recuperação maior nos machos do que nas fêmeas.

Tabela - 20: **Bioacumulação** (μg/g peso húmido) em indivíduos de *Channa punctatus* tratados com Deltametrina em diferentes períodos de exposição subletal. A média e o desvio padrão são retirados de seis medições individuais. A alteração percentual na bioacumulação em diferentes períodos de exposição é calculada em relação ao nível no meio de controlo (água doce sem Deltametrina). A percentagem de recuperação do nível de bioacumulação aos 30 dias de exposição é calculada em relação ao nível no meio de controlo, que é fixado em 100%.

S.N.	Nome do tecido	Controlo	Períodos de exposição subletal				
			24 h	7 dias	15 dias	20 dias	30 dias
MACHO							
1	Anfíbio						
	Média	0	1.75	2.33	4.60	2.00	0.12
	S.D. +	-	0.071	0.094	0.125	0.086	0.008
	(variação em %)	-	(+175)	(+233)	(+460)	(+200)	(+12)
	% de recuperação	-	-	-	-	-	88.00
	Teste t	-	P<0.001	P<0.001	P<0.001	P<0.001	P<0.05

2	**Cérebro**						
	Média	0	1.24	1.57	3.17	1.51	0.09
	S.D. +	-	0.065	0.069	0.089	0.067	0.007
	(variação em %)	-	(+124)	(+157)	(+317)	(+151)	(+9)
	% de recuperação	-	-	-	-	-	91.00
	Teste t	-	P<0.001	P<0.001	P<0.001	P<0.001	P<0.05
3	**Rim**						
	Média	0	1.64	2.16	3.94	1.85	0.10
	S.D. +	-	0.066	0.072	0.088	0.071	0.008
	(variação em %)	-	(+164)	(+216)	(+394)	(+185)	(+10)
	% de recuperação	-	-	-	-	-	90.00
	Teste t	-	P<0.001	P<0.001	P<0.001	P<0.001	P<0.05
4	**Fígado**						
	Média	0	1.41	1.84	3.65	1.68	0.09
	S.D. +	-	0.071	0.074	0.096	0.049	0.009
	(variação em %)	-	(+141)	(+184)	(+365)	(+168)	(+9)
	% de recuperação	-	-	-	-	-	91.00
	Teste t	-	P<0.001	P<0.001	P<0.001	P<0.001	P<0.05
5	**Músculo**						
	Média	0	1.77	2.35	4.65	2.11	0.13
	S.D. +	-	0.083	0.092	0.126	0.084	0.007
	(variação em %)	-	(+177)	(+235)	(+465)	(+211)	(+13)
	% de recuperação	-	-	-	-	-	87.00
	Teste t	-	P<0.001	P<0.001	P<0.001	P<0.001	P<0.05
FEMININO							
1	**Anfíbio**						
	Média	0	1.84	2.38	4.63	2.04	0.13
	S.D. +	-	0.085	0.094	0.134	0.089	0.009
	(variação em %)	-	(+184)	(+238)	(+463)	(+204)	(+13)
	% de recuperação	-	-	-	-	-	87.00
	Teste t	-	P<0.001	P<0.001	P<0.001	P<0.001	P<0.05
2	**Cérebro**						
	Média	0	1.26	1.59	3.18	1.54	0.10
	S.D. +	-	0.047	0.054	0.069	0.059	0.008
	(variação em %)	-	(+126)	(+159)	(+318)	(+154)	(+10)
	% de recuperação	-	-	-	-	-	90.00
	Teste t	-	P<0.001	P<0.001	P<0.001	P<0.001	P<0.05
3	**Rim**						
	Média	0	1.66	2.19	3.99	1.86	0.12
	S.D. +	-	0.059	0.074	0.076	0.064	0.009
	(variação em %)	-	(+166)	(+219)	(+399)	(+186)	(+12)

	% de recuperação	-	-	-	-	-	88.00
	Teste t	-	P<0.001	P<0.001	P<0.001	P<0.001	P<0.05
4	**Fígado**						
	Média	0	1.44	1.89	3.70	1.72	0.12
	S.D. +	-	0.048	0.064	0.099	0.076	0.007
	(variação em %)	-	(+144)	(+189)	(+370)	(+172)	(+12)
	% de recuperação	-	-	-	-	-	88.00
	Teste t	-	P<0.001	P<0.001	P<0.001	P<0.001	P<0.05
5	**Músculo**						
	Média	0	1.80	2.39	4.72	2.18	0.15
	S.D. +	-	0.069	0.081	0.118	0.091	0.009
	(variação em %)	-	(+180)	(+239)	(+472)	(+218)	(+15)
	% de recuperação	-	-	-	-	-	85.00
	Teste t	-	P<0.001	P<0.001	P<0.001	P<0.001	P<0.05

S.D. +: Desvio-padrão, P: Nível de significância, NS: Não-significativo

Fator de bioconcentração (BCF)

No presente estudo, verificou-se que ambos os sexos de *Channa punctatus* expostos a uma concentração subletal de deltametrina durante um período de exposição de 15 dias apresentaram um valor de BCF de 95,05 para os machos e 98,12 para as fêmeas (Quadro - 21).

Quadro - 21: **Fator de bioconcentração (BCF)** em indivíduos de *Channa punctatus* tratados com deltametrina em diferentes períodos de exposição subletal. Cada média é obtida a partir de seis medições individuais.

S.N.	**Nome do tecido**	**Controlo -**	**Períodos de exposição subletal**				
			24 h	**7 dias**	**15 dias**	**20 dias**	**30 dias**
MACHO							
1	Anfíbio	0	8.75	11.65	21.00	10.00	0.60
2	Cérebro	0	6.20	7.85	15.85	7.55	0.45
3	Rim	0	8.20	10.80	19.70	9.25	0.50
4	Fígado	0	7.05	9.20	18.25	8.40	0.45
5	Músculo	0	8.85	11.75	20.25	10.55	0.65
	Total BCF	0	39.05	51.25	95.05	45.75	2.65
FEMININO							
1	Anfíbio	0	9.56	12.37	21.67	10.60	0.67
2	Cérebro		6.55	8.26	16.33	8.00	0.52
3	Rim	0	8.63	11.38	20.54	9.67	0.62
4	Fígado	0	7.48	9.82	19.04	8.94	0.62
5	Músculo	0	9.36	12.42	20.54	11.33	0.78
	Total BCF	0	41.58	54.25	98.12	48.54	3.21

Índice de risco (HI)

O índice de perigo é uma estimativa do risco provável para as espécies ambientais que, quando excede "1", pode provocar efeitos crónicos. No presente estudo, verificou-se que o índice de perigo dos peixes de ambos os sexos de *Channa punctatus* era inferior a "1", uma vez que a concentração subletal de deltametrina não provocou quaisquer efeitos adversos nos peixes, como indicado pela boa recuperação dos parâmetros aos 30

dia de exposição (Quadro - 22).

Quadro - 22: Gráfico de **avaliação do impacto ambiental** de diferentes sexos do peixe de água doce *Channa punctatus* em relação à % máxima de supressão aos 15 dias e à % de recuperação aos 30 dias de exposição subletal à deltametrina.

S.N.	Critérios de avaliação	Valor
MACHO		
1	Índice de risco (HI)	0.85
2	Fator de bioconcentração (BCF)	95.05
3	Percentagem de recuperação	79-99
FEMININO		
1	Índice de risco (HI)	0.93
2	Fator de bioconcentração (BCF)	98.12
3	Percentagem de recuperação	69-98

Dissuasão

A grande afinidade dos resíduos de pesticidas clorados e piretróides pelos tecidos dos animais aquáticos e a sua rápida bioacumulação devem-se, em primeiro lugar, à sua natureza lipofílica e à sua polaridade, como sugerem Cox (1971) e Edwards (1973). Devido à associação íntima dos peixes com o seu meio ambiente, estes pesticidas e substâncias tóxicas de natureza semelhante penetram rapidamente no seu organismo, como o demonstra a presença de resíduos de piretróides em várias espécies de peixes analisadas por Kaphalino *et al.* (1986).

A bioconcentração da deltametrina foi observada às 24 horas e continuou a aumentar até aos 15 dias. Assim, a bioconcentração máxima da deltametrina foi observada tanto nos machos como nas fêmeas do peixe *Channa punctatus* no período de 15 dias, o que coincide com a supressão máxima das respostas fisiológicas, como o consumo de oxigénio e os parâmetros bioquímicos. Isto pode dever-se à diminuição do metabolismo oxidativo resultante da bioconcentração da deltametrina (Sayeed et al., 2003). Esta água entra nos tecidos do corpo dos peixes, uma vez que estes estão intimamente associados ao seu meio ambiente (Onnurappa, 1986; Abdul Subhan, 2000; Latha Charles, 2000). Assim, os resíduos de deltametrina entram no corpo dos peixes e concentram-se em diferentes tecidos, podendo ser utilizados como indicadores biológicos adequados da poluição por pesticidas no meio aquático. Por conseguinte, é evidente que, embora o pesticida deltametrina se degrade rapidamente na água, estes peixes podem ter acumulado deltametrina durante o período de exposição subletal contínua. Como explicado por Subhan (2000) num estudo sobre a toxicidade do fenvalerato em *Catla catla*, quanto maior for a solubilidade de um tóxico na água, maior será o seu potencial de bioacumulação. As investigações anteriores mostraram que *o Cyprinus carpio era* mais resistente aos poluentes do que as outras carpas.

Aos 30 dias de exposição, ambos os sexos apresentaram uma recuperação bastante boa, provavelmente devido à metabolização através da maquinaria de desintoxicação no fígado e ao processo de eliminação da deltametrina pelos rins, pelo que o fígado e os rins apresentaram uma maior percentagem de recuperação. Assim, a quantidade de deltametrina que entrou no corpo do peixe a partir do meio aquático através das guelras pode ter sido facilmente desintoxicada pelo sistema de oxidase de função mista (MFO) existente no tecido hepático. Este sistema de desintoxicação foi demonstrado em diversos estudos sobre a poluição por pesticidas em peixes (Winston, 1991; Erickson *et al.*, 1992; Otto *et al.*, 1994). A contribuição dos alimentos e da água para a absorção da deltametrina dependeria das concentrações ambientais da substância e das posições tróficas dos peixes. A partir destas observações, foi demonstrada uma boa correlação entre a bioconcentração da deltametrina e as taxas de respiração. Assim, estes estudos de bioacumulação sugerem fortemente que os modelos dinâmicos de contaminantes devem considerar a componente de eliminação como uma resposta distinta da absorção.

As descobertas sobre a bioacumulação de pesticidas no corpo humano através dos alimentos à base de peixe conduziram, nos últimos tempos, à formação de uma avaliação do impacto ambiental e dos riscos. Está demonstrado que os pesticidas podem ser acumulados nos organismos durante a exposição aguda e crónica a concentrações subletais dos pesticidas (Porte *et al.*, 1992; Miskimmin *et al.*, 1995). A bioconcentração também pode ser considerada como um efeito subletal dos pesticidas que resulta numa diminuição da atividade normal.

Há uma série de bons estudos sobre a bioacumulação de pesticidas nos tecidos dos peixes. De igual modo, a presença de resíduos de pesticidas organoclorados nos músculos dos peixes foi registada por Jabber *et al.*, (2001). Ajit Kumar *et al.*, (2002) registaram a presença de metilparatião nos tecidos reprodutivos do peixe *Labeo rohita*. Sreenivasa Rao e Rammohan Rao (2001) registaram a presença de hidrocarbonetos aromáticos policíclicos em tecidos de peixes do lago Kolleru, Andhra Pradesh. Koli *et al.*, (2000) registaram a presença de resíduos de endossulfão e hexacloro hexano (HCH) em amostras do mercado de peixe em Calcutá e arredores. Foi estabelecida uma relação entre a bioconcentração da deltametrina e a provável avaliação do impacto ambiental nos peixes através da medição do índice de perigo (HI), do fator de bioconcentração (BCF) e de estudos de recuperação. Todos estes três critérios foram correlacionados com a taxa prevista de risco ambiental. Estas observações indicam a importância da água como via de acumulação em todo o corpo dos peixes de água doce provenientes de terrenos agrícolas. As descargas de esgotos e resíduos nos rios são também as principais fontes de substâncias químicas tóxicas nos tecidos do corpo dos peixes e de outros organismos. Devido à associação íntima dos peixes com o seu meio ambiente, estes pesticidas e tóxicos de natureza semelhante penetram rapidamente no seu corpo. Os níveis de resíduos de deltametrina podem ser utilizados como um indicador biológico adequado da poluição por pesticidas no ambiente aquático.

A realização de estudos periódicos e o controlo das substâncias tóxicas nos peixes permitiriam tomar medidas correctivas sempre que necessário. Uma acumulação tão elevada de fosfomidão no fígado de *Sarotherodon mossambicus* foi observada por Onnurappa (1986). Por conseguinte, é evidente que, embora os pesticidas se degradem rapidamente na água, os peixes podem acumular os pesticidas quando expostos continuamente a concentrações subletais. No presente estudo, o BCF varia entre 15 e 21, sendo o valor do BCF mais elevado em tecidos como as brânquias, os rins e os músculos do que no fígado e no cérebro. Assim, a associação de contaminantes aos lípidos dos peixes levou vários investigadores a modelar a bioconcentração com base na partição de equilíbrio lípido-água e a desenvolver correlações entre o fator de bioconcentração e o coeficiente de partição octonol-água, como sugerido por Pruell *et al.* (1986).

Os resultados da presente investigação revelam um valor de BCF inferior, isto é, abaixo de 100, tanto nos machos (95,05) como nas fêmeas (98,12) de *Channa punctatus* expostos a concentrações subletais de deltametrina, pelo que se pode facilmente concluir que a concentração subletal de deltametrina (0,01425µg/l e 0,01671 µg/l para machos e fêmeas, respetivamente) tem um potencial de bioacumulação insignificante e seguro. Assim, o fator de bioconcentração (BCF) também é considerado útil para conhecer a taxa de entrada do pesticida no corpo de um animal aquático como *Channa punctatus* e a taxa de metabolismo da deltametrina no fígado e a taxa de eliminação pelo rim. A atividade intensiva do rim na eliminação do excesso de água e durante este processo a deltametrina pode ter sido eliminada mais rapidamente pelo rim.

Estas sugestões resultarão em aconselhamentos e análises de consumo de peixe cientificamente mais aceitáveis entre as cidades e, em última análise, proporcionarão uma melhor proteção da saúde pública; tais sugestões já foram feitas por Dourson e Clark (1990), onde a maioria dos aconselhamentos de consumo de peixe pesquisados dependeram dos nossos níveis de ação da FDA para contaminantes seleccionados em peixes comerciais. Por exemplo, os conselhos de consumo de peixe do Michigan recomendam o não consumo de qualquer peixe, quando 50% ou mais têm contaminação acima de um nível de ação de pesticidas ou PCB. Se 10-50% dos peixes estiverem contaminados acima de um nível de ação, os conselhos recomendam que o fator de segurança seja incluído, em parte para compensar as incertezas inerentes à extrapolação dos resultados dos testes em animais para os seres humanos.

Neste estudo, foi adotado um fator de segurança de 100 para calcular a DDA, tal como sugerido por Raizad e Srivastava (1993). Além disso, a concentração subletal pode ser classificada como ligeiramente perigosa, de acordo com a classificação dos pesticidas. O presente estudo reafirma que a experimentação sobre o efeito subletal dos pesticidas na população de peixes deve centrar-se no desenvolvimento de métodos que sejam sensíveis para detetar as respostas subletais, como sugerido por Abdul Subhan (2000).

Estudos de recuperação

Está bem estabelecido que os peixes se adaptam aos poluentes compensando e, em última análise, recuperando do stress tóxico. A taxa de recuperação pode ser considerada como o melhor instrumento para conhecer a taxa de adaptação. Foi também sugerido que a análise dos riscos ambientais pode ter de se basear não só nos danos imediatos causados, como se vê no índice de perigo e nos factores de bioconcentração dos presentes estudos, mas também no potencial de recuperação ecológica (Thacker e Jespson, 1993). Os estudos de recuperação são geralmente planeados para respostas crónicas a longo prazo, incluindo os presentes estudos de exposição subletal de 30 dias à deltametrina (Quadro - 23), que indicam a sequência de acontecimentos que conduzem a taxas estabilizadas que fornecem informações sobre a natureza do processo de recuperação e a conclusão da adaptação ao meio de stress.

Quadro - 23: **Percentagem de recuperação** dos parâmetros fisiológicos e bioquímicos em machos e fêmeas do peixe de água doce *Channa punctatus* num período de exposição subletal de 30 dias à deltametrina.

S.N.	Parâmetro	% de recuperação	
		Masculino	Feminino
1	NOEL	95-99	94-97
2	Consumo de O_2	95.72	95.07
3	Contagem de hemácias	93.93	90.44
4	Contagem de leucócitos	98.29	97.66
5	Glicose no sangue	89.83	84.61
6	Glicogénio hepático	90.69	84.61
7	Glicogénio muscular	87.13	84.37
8	Aminoácidos livres	90-96	87-93
9	Atividade de protease	91-95	88-90
10	Proteínas solúveis	90-94	88-93
11	Proteínas estruturais	79-85	76-83
12	Proteínas totais	84-88	83-86
13	Lípidos totais	73-86	69-83
14	Atividade lipásica	91-97	87-95
15	Ácidos gordos livres	87-93	80-90
16	Atividade da AChE	93-99	90-98
17	Teor de ACh	94-98	93-98

18	Bioacumulação	87-91	85-90

Os estudos de recuperação também indicam uma concentração mais segura de deltametrina na presente investigação. A percentagem de recuperação é mais estável, com uma gama estreita e consistente em ambos os sexos do peixe *Channa punctatus.* Por conseguinte, na avaliação dos riscos ambientais, a percentagem de recuperação pode ser considerada como um nível de controlo da poluição numa fase em que são possíveis medidas correctivas. Assim, para o desenvolvimento de uma avaliação de risco eficaz, a medição da recuperação é muito essencial, tal como estimado na presente investigação, em que a percentagem de recuperação em todos os parâmetros é calculada num período de exposição de 30 dias em relação aos níveis desses parâmetros, que é fixado em 100%.

Assim, para uma avaliação adequada e apropriada dos riscos ambientais em relação à biota média do ambiente aquático e ao consumo humano, é necessário realizar inquéritos periódicos e monitorizar as substâncias tóxicas presentes nos peixes, a fim de permitir a adoção de medidas correctivas para controlar a poluição ambiental, sempre que necessário. Essas medidas são também úteis para identificar as possíveis fontes de poluição na cadeia alimentar e manter a relação presa-predador no ecossistema aquático. Por exemplo, o nível de resíduos de deltametrina em diferentes tecidos de machos e fêmeas de *Channa punctatus* no presente estudo reflecte os seus hábitos alimentares e esta espécie representa o nível trófico mais elevado na cadeia alimentar aquática e, como se alimenta de forma omnívora, pode ser utilizada como indicador biológico adequado da poluição por pesticidas no ambiente aquático.

Finalmente, para adquirir conhecimentos sobre a avaliação dos riscos ambientais, *a Channa punctatus*, que é um peixe comestível dos indianos, pode influenciar significativamente a carga corporal de resíduos de pesticidas piretróides sintéticos no corpo humano. Este conhecimento é útil para compreender a doença de Minimata no Japão, a história da primavera Silenciosa (Rachel Carson, 1962) e a síndroma de Handigodu em Karnataka, na Índia, em 1977, que são os episódios bem conhecidos de envenenamento de peixes, especialmente devido à poluição por pesticidas ou metais.

XI. RESUMO

> Atualmente, quase todos os aspectos da vida apresentam riscos para a saúde. Os resíduos de alguns pesticidas de longa duração, que podem acumular-se na cadeia alimentar e causar uma contaminação generalizada do ambiente, podem criar potenciais riscos futuros para a saúde humana e para a vida selvagem. As práticas agrícolas modernas, embora tenham contribuído para aumentar a produção agrícola, também poluíram amplamente o ambiente aquático e conduziram a problemas como a resistência às pragas, o elevado custo da cultura e o desequilíbrio ecológico. O ambiente aquático torna-se o último sumidouro de todos os poluentes.

> Os peixes de água doce, *Channa punctatus*, machos e fêmeas, pesando 10 + 2g e 12 + 2g, respetivamente, foram adquiridos no departamento local de pescas e aclimatados às condições laboratoriais. Para além da sua grande disponibilidade e importância comercial, este peixe é conhecido pela sua boa adaptabilidade às condições laboratoriais e parece ser adequado para estudos de toxicidade.

> Um piretróide sintético selecionado para a presente investigação é a deltametrina com 2,8EC (Decis). Tem sido amplamente utilizada em diversas culturas agrícolas devido à sua elevada fotoestabilidade, degradabilidade, natureza não persistente e baixa toxicidade para os mamíferos.

> A LC50/96 h de exposição foi calculada a partir da percentagem de mortalidade, da mortalidade probit e verificada pelo método de Dragstedt - Behren. Um décimo do valor LC50 médio da deltametrina foi considerado como concentração subletal. Verificou-se que o NOEL era de 0,001 ppm.

> O parâmetro fisiológico vital que é geralmente utilizado para avaliar o metabolismo de um animal é a respiração. A primeira atividade fisiológica a ser afetada é o consumo de oxigénio nos animais aquáticos. A taxa de consumo de oxigénio é invariavelmente considerada como um bom índice do stress fisiológico do animal face à toxicidade imposta. A variação do consumo de oxigénio pode ser explicada pela modulação do estado metabólico de um animal.

A evolução temporal e o consumo total de oxigénio dos machos e das fêmeas de *Channa punctatus* aumentaram às 24 horas de exposição e diminuíram até aos 15 dias. A partir dos 15th dias, o consumo de oxigénio aumentou e aproximou-se da normalidade no final dos 30 dias de exposição, tendo os machos apresentado níveis de concentração mais elevados do que as fêmeas.

> A hematologia dos peixes tem ganho força nos últimos anos devido à sua importância na avaliação do estado dos peixes e das suas respostas às alterações ambientais. A taxa metabólica basal, quando considerada em conjunto com os parâmetros hematológicos, constitui um indicador vital de stress tóxico.

A contagem de hemácias de machos e fêmeas de *Channa punctatus* aumentou para um nível mais elevado às 24 horas de exposição e diminuiu para um nível mais baixo aos 15 dias, tendo aumentado gradualmente e atingido a normalidade aos 30 dias de exposição. Observou-se uma tendência completamente oposta na contagem de leucócitos, que aumentou para um nível mais elevado no período de exposição de 15 dias. Os machos registaram níveis mais elevados do que as fêmeas nas contagens de hemácias e de leucócitos.

> Os hidratos de carbono representam a principal fonte de energia imediata dos peixes sujeitos a stress. As reservas em termos de glicose no sangue, glicogénio no fígado e no músculo reflectem geralmente o metabolismo dos hidratos de carbono.

Os níveis de glucose no sangue aumentaram durante as 24 horas de exposição e diminuíram depois até ao 15º dia. A partir do 15^{oth} dia, os níveis de glucose no sangue aumentaram progressivamente e aproximaram-se da normalidade no final dos 30 dias de exposição. Em contraste com isto, o conteúdo de glicogénio no fígado e no músculo seguiu uma tendência oposta tanto nos homens como nas mulheres, com uma quantidade ligeiramente superior nos homens.

> Os níveis de proteínas nos tecidos dependem de um equilíbrio dinâmico entre as taxas de síntese e de degradação. A capacidade de sobrevivência dos animais expostos ao stress depende principalmente do seu potencial de síntese proteica. Por conseguinte, as alterações no metabolismo das proteínas podem ser consideradas como um dos instrumentos de diagnóstico importantes na avaliação da toxicidade de qualquer agente tóxico.

Os níveis de proteínas solúveis, estruturais e totais em machos e fêmeas de *Channa punctatus* diminuíram às 24 horas de exposição e continuaram até ao 15º dia. A partir do 15^{oth} dia, todos estes níveis aumentaram e aproximaram-se do controlo no final dos 30 dias de exposição. Por outro lado, os níveis de atividade de protease e de aminoácidos livres seguiram uma tendência oposta em ambos os sexos de *Channa punctatus*, em que os machos apresentam uma quantidade superior à das fêmeas.

> Os lípidos são o grupo heterogéneo de macromoléculas complexas, insolúveis em água e solúveis em solventes polares. Constituem reservas energéticas ricas, cujo valor calorífico é duas vezes superior ao dos glúcidos ou das proteínas.

Os níveis de lípidos totais diminuíram às 24 horas de exposição e aumentaram gradualmente ao longo dos 7 e 15 dias. Em contraste com isto, os níveis de atividade da lipase e de ácidos gordos livres seguiram uma tendência oposta. A partir dos 15th dias, os níveis de lípidos totais diminuíram gradualmente e aproximaram-se do controlo aos 30 dias de exposição. Em contraste com isto, os níveis da atividade da lipase e dos ácidos gordos livres seguiram uma tendência oposta tanto nos machos como nas fêmeas de *Channa punctatus*, com mais níveis nos machos do que nas fêmeas.

> A acetilcolinesterase e a acetilcolina são essenciais para a transmissão suave do impulso nervoso na junção dos neurónios. O efeito inibitório dos piretróides sintéticos sobre a

colinesterase é geralmente considerado como a base da atividade biológica. Por conseguinte, a estimativa da acetilcolinesterase e da acetilcolina nos peixes é importante para a deteção da poluição do ambiente aquático.

A atividade da AChE aumentou às 24 horas e diminuiu gradualmente ao longo dos períodos de exposição de 7 e 15 dias. A partir dos 15th dias, os níveis de atividade da AChE aumentaram progressivamente e aproximaram-se do controlo aos 30 dias de exposição, ao passo que os níveis de ACh corrent seguiram uma tendência oposta em ambos os sexos da *Channa punctatus*, com quantidades ligeiramente mais elevadas nos machos do que nas fêmeas.

> A avaliação do impacto ambiental é o processo científico pelo qual as propriedades tóxicas de uma substância são identificadas e avaliadas. Assim, foi efectuado um estudo preliminar sobre a avaliação do impacto ambiental através de medições de bioacumulação, fator de bioconcentração (BCF), índice de perigo (HI) e estudos de recuperação.

Tanto nos machos como nas fêmeas de *Channa punctatus,* a bioacumulação aumentou às 24 horas e continuou até ao período de exposição de 15 dias. Na última metade da exposição, a bioacumulação diminuiu gradualmente e aproximou-se do controlo aos 30 dias de exposição, sendo estes valores mais elevados nas fêmeas do que nos machos. O fator de bioconcentração (BCF) foi de 95,05 para os homens e 98,12 para as mulheres. O índice de perigo (HI) foi de 0,85 e 0,93 para os homens e as mulheres, respetivamente, sendo inferior a "1" para ambos os sexos, o que indica que não podem ocorrer efeitos crónicos adversos. A percentagem de recuperação variou entre 79-99 para os machos e 69-98 para as fêmeas, indicando que os machos são mais sensíveis e altamente recuperáveis quando comparados com as fêmeas.

Os estudos desta investigação mostraram que os aspectos fisiológicos e bioquímicos recuperaram aos 30 dias a partir da sua supressão percentual máxima anterior no período de exposição de 15 dias, tanto nos machos como nas fêmeas de *Channa punctatus*. Os machos registaram valores mais elevados, exceto nos parâmetros metabólicos lipídicos e na bioacumulação. Ao longo desta investigação, os machos registaram variações mais elevadas nas estimativas fisiológicas e bioquímicas do que as fêmeas e os machos foram mais recuperáveis do que as fêmeas. Estas alterações confirmam a capacidade adquirida por estes peixes face ao stress imposto pela toxicidade da deltametrina. Isto pode ter sido conseguido principalmente através da ativação do processo de eliminação ou desintoxicação do pesticida.

BIBLIOGRAFIA

Abalis, I.M. Eldefrawi, M.E. Eldefrawi, A.T. 1986. Effects of insecticides on GABA induced chloride influx into that brain Micro Sacs, *J loxicol Envion Health,* **18:**13-23.

Abdul Subhan, K. 2000. Adaptações fisiológicas e bioquímicas em *Catla catla* submetida a piretróide sintético, fenvalerato. Tese de doutoramento apresentada à Universidade S.K., Anantapur.

Abernathy, C.O., Neda, K., Engel, J.L., Cughan, L.C. e Casida, J.E. 1973. Especificidade do substrato e significado toxicológico das esterases hidrolisantes de piretróides de microssomas de fígado de rato. *Pestic. Biochem. Physiol.,* **3:** 300.

Adams, M.E. e Miller, T.A. 1979. Local de ação dos piretróides em unidades motoras de voo da mosca doméstica. *Pestic. Biochem. Physiol.* **11:** 218-231.

Adams, W.j., Kimerle, R.A.e Baraneett, j.w.jr. 1992.Sediment quality and aquatic life assessment. *Environ. Sci. Technol.,* **26**: 1865-1875.

Adamson, R.H.1967.Pend.Proc.**26**:1047.

Agnihotri, N.P., Srivastava, K.P., Gaajibhiye, V.T. e Jain, H.K. 1986. Efeito relativo de alguns piretróides sintéticos e outros insecticidas vulgarmente utilizados contra o bicho-da-farinha e outros resíduos no algodão. *Trophic. Agric.* **4(2):**168-174.

Ahsanullah, M. Mobley, M.C. e Negilski, D.S.1984. Acumulação de cádmio de águas e sedimentos não contaminados pelo camarão *Collianassa australiensis. Mar.Biol.***82,**191-197.

Ajit Kmar, A., S.Chatopadhyay e Mitra,S.2002.Effect of mercury and methyl parathion on the ovaries of *Labeo rohita.J.Env.Biol.***23(1)**, 61-64.

Alabaster, J.C.1969.Critérios de qualidade da água para peixes de água doce. *Post.Technol.,* março/abril 29-35.

Anastasi, A. e Bannister, J.N. 1980. Effect of pesticides on mediterranean fish mucle enzyme. *Adriet*, **21(1)**:119-124.

Anderson, J.M., Neff, J.M., Cosx, B.A., Taten, H.E.e Hightower, G.M.1974. *Mar. Biol.* **27**: 75-88.

Anderson, R.L. 1982. Toxicity of fenvalerate and permethrin to several nontarget aquatic invertebrates, *Environ. Entomol,* **11:** 1251-1257.

Anitha Susan, T., Veeraiah, K. e K.S.Tialk.**1999**. Alterações bioquímicas e enzimáticas nos tecidos de *Catla catla* expostos ao piretróide fenvalaerato. *J.Ecobiol.* **11 (2) :** 109-116.

Anon, 1972. A EPA proíbe a maioria das utilizações do DDT e prepara uma ação contra o chumbo. *Environ. Sci.Technol.* **6:**675.

Anupama Jyothi, Khan, A.A. e Haque, M.1989.Stuides sobre o efeito do malatião num peixe de água doce, *Channa punctatus* (Bloch). *J.Env. Biol.***10:**251-257.

Anupama Kumari, R.K. Sinha, K. Gopal e Swarna Latha. 2002. Conventaration of organochlorines in Ganges river dolphins from Patna, Bihar.*J. Env. Biol.* **23(3)**:279-281.

Arasta Tazeen, Bias, V.S. e Thakur Preeti, 1996. Effect of Nuvan on some biochemical parametres of Indian catfish, *Mystus vittatus. J. Environ. Biol.* **17(2)**:167-169.

Archana, K., Patil, M.M. e Kumar Rakesh. 1998. Perturbações no consumo de oxigénio devido ao stress associado à toxicidade dos esgotos em peixes estuarinos, *O. mossambicus. Env. Eco.* **16(2):**409-412.

Arunakumari, C. 1989. "Ação alvo provável dos piretróides sintéticos nas vias sensoriais-interneuronais do circket, *Gryllotalpa gryllotalpa."* Dissertação de mestrado, Universidade S.V. Centro P.G., Kavali, Índia.

Atkinson, D.E. 1968. A carga energética do pool de adenilato como parâmetro regulador, *Biochem.* **7:** 4030-4034.

Atkinson, J. e Judd, F.W. 1978. Hematologia comparativa de *Leponis microlopus* e *Chichlasoma cyanoguttatum. Copeia.* **12**: 230-237.

Augustinson, K.B., 1957. Methods of *Biochemical analysis*, (ed. Glic, D) Inter science publishers. New York.

Ayas, Z., Barlas, N. e Kolankaya, D. 1997. Determinação de resíduos de pesticidas organoclorados em vários ambientes e organismos no Delta de Goska, Turquia. *Aquatic. Toxicologia* (Amesterdão). 34**(2):** 171-181.

Bagehi, M.M.e Ibrahim, K.M. 1974 J.*Inland. Fish. Soc.*

Baile, J.M., Fishmann, P.H. e Mulheren, S. 1969. Estudos sobre Mutarotases. IV.Mutarotase em rins de peixes de água salgada vs peixes de água doce. *Proc. Soc.Exp.Biol. Mod.* **131 :** 861-863.

Bandhopadhyay, R. 1982. Inibição da acetilcolinesterase pela permetrina e sua reversão pela acetilcolina. *Indi. J. Exp. Biol.* **20**:488-491.

Banerjee, S.N. 1979. Agricultural production through increased pesticide usage. Pesticides. **4**:17-19.

Basha Mohideen, Md. E Nisar Ahamed, G. 1989. Avaliação comparativa de diferentes pesticidas em *Labeo rohita* proc. NaH. Symp. Sobre vida selvagem e ambiente, Universidade de Andhra, Waltair.

Basha Mohideen, Md. e Sailabala, T.1992. Consumo de oxigénio e atividade opercular como bons indicadores do stress causado pela poluição (malatião e metilparatião) na carpa maior indiana, *Catla catla. Ind. J.Camp. Animal. Physiol.* **10 (1)**: 20-24.

Basha, S.M. Prasad Rao, K.S., Sambasiva Rao, K.R.S. e Ramana Rao, K.V. 1984. Potenciais respiratórios do peixe *T. mossambica* sob intoxicação por malatião, carbaril e lindano. *Bull. Environ. Contam.Toxicol.* **32:** 570574.

Bashamohidden, Md e Kunnemann,H. 1978. Um método rápido e modificado de Winklers para medir o consumo de oxigénio de animais aquáticos. *Experimentia.* **34:** 1214-1243.

Bashamohidden, Md e Malla Reddy, P. 1987. Alterações nos perfis proteicos do cérebro de peixes de água doce, *Cyprinus carpio*, sob stress de malatião. *Angerniandic zoologic* (Alemanha Ocidental). 12**(1):** 29-31.

Bashamohidden, Md e Malla Reddy, P. 1995. Alternations in protein metabolismin selected tissues of fish *Cyprinus carpio* during sublethal concentration of cypermethrin. *Environ. Monit. Assess.* **36:** 183-190.

Bashamohidden, Md. 1986. O conceito de stress e adaptação. *Proc. 7th Conf. Da Associação Indiana de Ciências Biomédicas* P.G. Instituto de Ciências Médicas Básicas, Madras.

Bashamohidden, Md. 1987a. Indicadores toxicológicos para a monitorização da poluição aquática. *Proc. National. Sym. Aqua. Biol.* p39. Universidade de Andhra. Visakapatnam.

Bashamohidden, Md. 1999. Avaliação do Impacto Ambiental. Proceed. Seminário nacional sobre "*Recent trends in Animal Sciences*" pp25, Dept. of Zoo. Universidade de Kakatiya, Warangal.

Bashamohideen, Md e Kunnemann, H. 1978. Um método rápido e modificado de Winklers para medir o consumo de oxigénio de animais aquáticos. *Experimentia.* **34:**1214-1243.

Bashamohideen, Md. 1984. Mecanismos físicos e padrões de comportamento durante a adaptação ambiental (artigo de revisão). *Bull. Ethol. Soc. Ind.* 147152.

Bashamohideen, Md. E Kunnemann, H. 1979. Resposta do peixe, *idus idus* à carga ambiental II, ATP, ADP, AMP e carga energética no músculo e no cérebro, *Zool.Anz.*,**202:**163-171.

Bashamohideen, Md., e Parvatheswara Rao, V. 1972. Adaptação ao stress osmótico em teleósteos eurihalinos de água doce, *Tilapia mossambica*. IV Alterações da glicose no sangue, do glicogénio hepático e do glicogénio muscular. *Mar. Biol.*,**16:**68-74.

Bashamohiden, Md. 1997. Procedimento de avaliação do impacto ambiental e dos riscos. *Ref. Cource in Envorn. Sci.* pp 48, Universidade de Marathwada, Aurangabad.

Bayne, B.L. Anderson, J. Angel, D. Giyillan, E.Hoss, D.Cloyd, R e Thurbergy F.P. 1980. Rapp. Py Racin cons. *Int explor Men.* **179:** 88-89.

Bergmayer, H.V. 1974. Methods in ezymatic analysis (edição) H.V. Bergmayer. Acadedmic. Press. Nova Iorque. p40.

Berry, J.W. 1974: Chemical Villains. C.V.Mosby Company, EUA.

Bhagyalakshmi, A. e Ramamurthy, R. 1980. Recovery of acetylcholinesterase activity from fenitrothion induced inhibition in the freshwater field crab *O. senex senex, Bull. Environ. Contam. Toxicol.* **20:** 866-869.

Bhagyalakshmi, A., Sreenivasulu Reddy, P. e Ramamurthy, R. 1984b. A inibição in vivo e a recuperação da acetilcolinesterase na massa ganglionar torácica do caranguejo dos campos de arroz de água doce. *O. senex senex* durante e após a exposição ao sumithion. *Toxicol. Lett.*, **21**:135-139.

Bhagyalakshmi, A., Sreenivasulu Reddy, P. e Ramamurthy, R. 1985. Inibição hormonal provável da atividade da acetilcolinesterase pelo sumathion no caranguejo *O. senex sensex. Geobios.* **12**: 52-56.

Bhattacharya, S. e Josh, N.S. 1981. Inibição in vivo e recuperação da acetilcolinesterase no cérebro do teleósteo de água doce, *Channa punctatus* (Bloch) durante e após a exposição ao carbofurano. *Comp. Physiol. Ecol.* **6**: 330-332.

Bhavan Saravana, P. e Geraldine, P. 2002. Carbaryl induced afternations inbiochemical metabolism of the prawn, *M. malcolmsonii. J. Env. Biol.* **23(2)**: 157-162.

Bilinski, E. 1969. Utilização de lípidos pelos peixes. V. Atividade lipolítica em relação aos triglicéridos de cadeia longa no músculo da linha lateral da truta arco-íris (*Salmo gairdneri). J.Fish. Res. Bd. Can.* **26(7)**: 1857-1996.

Boon, J.P. e Reajender, P.J.H. 1987. A cinética do ind PCB em focas fêmeas (Phocavitalina) *Aq. Tax.* **10**:307-324.

Borah, S. e Yadav. R.N.S. 1994. Alterações metabólicas induzidas pelo endosulfan no músculo do peixe de água doce *Heteropneustes fossilis* (Bloch). **21(4)**: 289-293.

Bradbury, S.J. 1973. O efeito do paratião no músculo esquelético dos crustáceos. 1. O limiar mecânico e a dependência de ca^{2+} iões. *Comp. Biochem. Physiol.* **44A**: 1021-1032.

Bradbury, S.P., Coats, A.R. e James, S.M. 1986. Toxicocinética do fenvalerato na truta arco-íris (*Salmo gairdneri)***.** *Environ. Toxicol. Chem.* **5(6)**: 567-576.

Bradbury, S.P., Mekim, J.M. e Coasts, J.R. 1987. Respostas fisiológicas da truta arco-íris *Slamo gairdenerii* à intoxicação aguda por fenvalerato. *Pestic. Biochem. Physiol.* **27**: 275-288.

Brock Neely, W., Dean, R., Branson e E.Gary, Blau. 1974. Proteção do potencial de bioconcentração, dos produtos químicos, da saúde humana e do ambiente. Uma coleção de artigos científicos da Dow. Vol. **50-20**. Publicado em *Environmental Science and Technology*. p.1113.

Brodie, M.E. e Aldridge, W.N. 1982. Níveis elevados de GMP cíclico cerebelar durante a síndrome motora induzida pela deltametrina. *Neurobehav. Toxicol. Teratol.* **4:**109-113.

Brown, B.E.S.1957. *Influência da temperatura no sistema biológico.* Ed. F.A. Johnson, American Physiological Society, Washington, D.C.

Buhler, D.R. 1966. Metabolismo hepático de drogas em peixes. *Proc. Fed. Am. Soc. Exp. Biol.* **28:**343-346.

Burke, W.D. e Ferguson, D.E. 1969. Toxicidade de quatro insecticidas para peixes mosquitos resistentes e susceptíveis em almas estáticas e correntes. *Mosquito news.* **29:** 89-101.

Burton, G.A.Jr., 1992. Avaliação de sedimentos aquáticos contaminados. *Environ. Science. Technol.* **26:**1862-1863.

Calabrase,A., Thurberg, F.B. e Gould, E. 1977. Efeitos do cádmio, mercúrio e prata nos animais marinhos. *Mar. Res. Rev.* **33:** 5-11.

Camougis, G., e Davis, W.M. 1971. Um estudo comparativo da base neurofarmacológica da ação da piretrina. *Pyrethrum Post* **11:**7.

Carlton, M. 1977. Alguns efeitos da cismetrina no sistema nervoso do coelho. *Pestic. Sci.* **8:** pp:700-712.

Caroll. N.V., Longley. R.W. e Row, J.H. 1956. Determinação do glicogénio no fígado e no músculo através da utilização do reagente de antrona. *J.Biol.Chem.* **22:** 583-593.

Carpenter, P.C. 1975. In: Immunology and serology 3rd Eds., W.B. saunders Company. Philadelphia, London, Toronto. P. 254.

Casida, J.E. 1973. Bioquímica das piretrinas. In: "Pyrethrum, the natural insecticide". (Ed. Casida, J.E.), Academic Press, New York, pp: 101 -120.

Casida, J.E., Gammon, D.W., Glickman, A.H. e Lawrence, L.J. 1983. Mecanismos de ação selectiva dos insecticidas piretróides. *Annu Rev. Phyarmacol. Toxicol.* **23**:413-438.

CFTRI, 1980. Relatório anual.

Chakrabarthy, R.N., Singh, M., Khan, A.Q. e Saxena, K.L. 1965. An industrial waste survey report, part I Tanneries of Utter Pradesh. *Indian. J. Environ. Health.* **7:**235-247.

Chandramohan, R.N., Chetty, C.S. e Swamy, K.S. 1980. Variations in total free amino acids and aminotransferase activity as a function of denervation, atrophy and ammonia stressin selected tissues of frog, *Rana hexadactyla (*Lesson*). Indian. J. Exp. Biol.* **18:** 1114.

Chandravathy, V. e Reddy, S.L.N. 1994. Recuperação in vivo do metabolismo das proteínas nas brânquias e no cérebro de um peixe de água doce, *Anabas scandens,* após exposição ao nitrato de chumbo. *J. Environ. Biol.* **15(1):** 75-82.

Chapman, R.A. Tu, C.M. Harris, C.R. e Cole, C. 1981. Persistência de cinco insecticidas piretróides na truta arco-íris. *Bull. Environ. Contam. Toxicol.* **26**:513-519.

Chaudary, H.S. e Kedarnath, P. 1985. Hiperglicemia induzida pelo níquel no peixe de água doce, *Colisa fasciatus. Wat. Air. Soil. Pollut.* **24**: 173-176.

Cherfuka, W., Zahrodha, P. e Bajura, S.T. 1980. O efeito do DDT no transporte de K^+ em mitocôndrias de fígado de rato. *Biochem. Ata.* **60(2)**: 349-359.

Chung, P.G. e Chen, K.Z. 1978. "Descargas de poluentes da água per capita por dia" *Korean Cent. J. Med.* **35**:185.

Clements, A.N. e May, T.E. 1977. The Action of pyrethroids upon the peripheral nervous sytem and associated organs in the Locust *Pestic Sci.* **8:** 661-680.

Colowick, S.P. e Kaplan, N.O. 1965. Métodos titulométricos de lipase utilizando substratos solúveis em água. *In: Methods in enzymology* vol: 630-31 (eds), Colowick, S.P. e Kalpan M.O. Academic Press, New York.

Coppage, D.L. 1972. Pesticidas organofosforados: Nível específico de inibição de AchE no cérebro relacionado com a morte em peixinhos de cabeça de ovelha. *Trans. Am. Fish. Soc.,* 101, 534-536.

Coppage, D.L. e Duke, T.W. 1971. *In: Proceedings of the 2nd Gulf Coast conference on Mosuquito suppression and wildlife management* (ed) C.H. Schmidt, Pa 24, National Mosquito Control fish and wild life management co-ordinating committee, Washington, D.C.

Coppage, D.L. e Duke, T.W. 1972. Effects of pesticides in estuaries along Gulf and South-east Atlantic coasts. Proc. 22nd Gulf Cost. Cont. *Mosq. Sup. Wildl.* Manage, New Orieans, LA.

Coppage. D.L. Mathews, E. Cook, G.H. e Knight, J. 1975. Inibição da acetilcolinesterase cerebral em peixes como diagnóstico de envenenamento ambiental por malatião, o-o dimetil S-(1-2 Dicarbetoxil) fosforodiathioato. *Pestic. Biochem. Physiol.* **5**: 536-542.

Corbett, J.R., Wright, k. e Baillic, A.C. 1984. *In: "The biochemical mode of action of pesticides"* Academic Press, Londres.

Cox, J.L. 1971. Absorção, assimilação e perda de resíduos de DDT por *Euphausia pacifica*, um camarão eufásico. *Peixes. Bull.* **69:**627.

Cremer, J.E. e Seville, M.P. 1982. Efeitos comparativos de dois piretróides. Deltametrina e cismetrina sobre as catecolaminas plasmáticas e sobre a glucose e o lactato no sangue. *Toxicol. Appl. Pharmacol.* **66:** 124-133.

Crofton, K.N. e Reiter, L.M. 1984. Efeitos de dois insecticidas piretróides na atividade motora e na resposta de sobressalto no rato. *Toxicol Appl. Pharmacol* **75:**318-325.

Crofton, K.N. e Reiter, L.M. 1984. Efeitos de dois insecticidas piretróides na atividade motora e na resposta de sobressalto no rato. *Toxicol Appl. Pharmacol.* **75:** 318-325.

Dakshini, K.M.M. e Sen, J.K. 1979. Qualidade da água dos esgotos que entram no rio Yamuna em

Deli. *Indian. J. Environ. Health.* **21:** 354-360.

Daleal, R.C., Ravi, S., Kumar, V. e verma, S.R. 1981. In vivo haematological alternations in a freshwater teleost, *Mystus* following sub acute exposure to pesticides and their combinations. *J. Environ. Biol.* **2**: 79-86.

Das, B.K. e Mukerjee, S.C. 2000. Chronic toxic effects of quinolphos on some biochemical parameters in *Labeo rohita. Toxicology. Cartas. Shannon.* **144(1-3**: 11-18.

Das, K.K. e Benerjee, S.K. 1980. Cadmium toxicity in fishes. *Hydrobiologia*. **75(2)**: 177-182.

David, M.1995. Effect of fenvalerate on behavioural, physiological and biochemical ascepts of freshwater fish *Labeo rohita.* Tese de doutoramento, Universidade S.K., Anantapur (AP), Índia.

Davis, J.L. 1975. Sublethal effects of bleached craft pulp mill effluents on respiration and circulation in Sockeye Salmon, *O. nerka. J. Fish. Res. Ed. Can.* **30**: 369-377.

Davis, N.C. e Smith, E.L. 1955. Ensaio de enzimas proteolíticas. *Meth. Biochem. Anal.* **75(2)**:177-182.

De Solla, S.R., Bishop, C.A., Van Der Kraak, G. e Brooks, R.J. 1998. Impacto da contaminação por organoclorados nos níveis de hormonas e na morfologia externa de tartarugas comuns (*Chelydra-seroentina serpentina*) em Ontário. Canada. *Environ. Health.* **106**: 253-260.

Dean, J.M. e Goodnight, C.J. 1964. A comparative study of carbohydrate metabolism in fish as effected by temperature and exercise. *Physiol Zool.* **XXXVII (3)**: 280-299.

Desaiah, D e Koch. R.B. 1975. Investigação preliminar sobre os efeitos do mirex e dos seus derivados nas actividades da ATPase das formigas-de-fogo. *J. Agrical. Food. Chem.* **23:** 1216-1217.

Devaprakash Raju, B. 2000. Alterações induzidas pelo fenvalerato no metabolismo proteico do peixe de água doce, *Tilapia mossambica* (Peters). Tese de doutoramento, Universidade S.K., Anantapur, (AP).

Devi Setharanyam. 2000. Os efeitos do endosulfan no consumo de oxigénio do peixe *Oreochromis mossambicus. J. Ecotoxicol. Environ. Monit.* **10(1)**: 21-24.

Dezwan,A. e Zandee, D.L. 1972. A utilização do glicogénio e a acumulação de alguns intermediários durante a anaerobiose em *Mytilus edulis. Comp. Physiol. Biochem.* **B43**:47-54.

Dhanunjaya, G. 1990. Physiological and biochemical responses of freshwater fish Oreochromis mossambicus subjected to osmotic stress and osmotic adaptation. Tese de doutoramento, Universidade de S.K., Anantapur, A.P.

Dikshith, T.S.S., R.B. Raizada, S.N. Kumar, M.K. Shrivastara, S.K.Kulshrestha e U.N.Adholia. 1990. Resíduos de DDT e HCH nas principais fontes de água potável em Bhopal. *Indian. Bull. Environ. Contam. Toxicol.* **45**:389393.

Dixon, D.G. e Leduc. G. 1981. *Arch. Environ. Contam. Toxicol.***14:**25-31.

Dixon, D.G. e Sprague, J.B. 1981. Bioacumulação de cobre e síntese de hepatoproteínas durante a aclimatação ao cobre por trutas arco-íris juvenis. *Aquatic. Toxicol.* **1:**69-81.

Dorris, T.C., Bould, W. e Jankins, C.R. 1964. Trans 2nd *Sem on Biol prob in water pollution* VSPHW, 60-3. PP. 1-10.

Doudoroff, P. Anderson, B.G. Burdwick, G.E. Galtsolf, B.S. Hart, N.B. Partrick, R. Strong, E.R. Surber, E.W. e Vanfforn, W.H. 1951. Método de bioensaio para a avaliação da toxicidade aguda de resíduos industriais em esgotos de peixes. *Ind. Wastes.* **23:** 1380-1397.

Dourson, M.L. e J.M. Clark. 1990. Fish consumption Advisories: Towards a unified sceintifically credible approach. *Toxicol. Pharmacol.* **12:**161-178.

Dube, S.C. e Dutta, J.S.1974. *Folia Haemotol.* **100**: pp. 436.

Duffield, S.J. e Backer, S.E, 1990. Efeito espacial e temporal da utilização de dimetoato nas populações de carabídeos e suas presas no trigo de inverno. In:stotik, N.E. Ced) *The role of ground beetes in Ecological* and *environmental studies*, Intercept ltd., Andover, Dorset. 95-104.

Duke, R.A., Quinn, J.G., Olney, C.E. Piotrowicz, S.R., Ray, B.J. e Wade, T.L. 1972. Enriquecimento de metais pesados e compostos orgânicos na micro-camada superficial da Baía de Narragonsett, Rhode Island. *Science*. **176**:pp.61.

Duke, T.W. e Dumas, P. 1974. Implicações dos resíduos de pesticidas no ambiente costeiro. *Poluição e fisiologia dos organismos marinhos*. Ed. Vernberg, Academic Press. Nova Iorque.

Edwards, C.A. 1973. *Environmental pollution by pesticides.* Plenum press, Londres, Nova Iorque.

Ekberg, D.R. 1958. Respiração em tecidos de peixes dourados adaptados a altas e baixas temperaturas. *Biol. Bull.* **114**:308-316.

Eldefrawi, M.E. Sherby, S.M.Abalis I.M. Eldetrawi A.T. 1985. Interacções de insecticidas piretróides e ciclodienos com receptores nicotínicos de acetilcolina e GABA. *Neurotoxicologia.* **6**:47-62.

Elliot, M. Janes, N.F. e Potter C. 1978. O futuro dos piretróides na luta contra os insectos. *Annu. Rev. Entamol,* **23:** 443-469.

Elliot, M. e Pulman. D.A. 1974. Inseticida sintético com uma nova ordem de atividade. Nature. **248:** 710-711.

Elliott, M., Farnham, A.W., Janes, N.F., Needham, P.H. e Pluman, D.A. 1976. Confirmações de piretróides com atividade inseticida. In: *Kohn G.K.(Ed) Mechanism of pesticide action.* Am.Chem.Soc.Washington. D.C.pp.80-91.

Erickson, D.A., Laib, F.E., e Lech, J.J. 1992. Biotransformação da rotenona por microssomas hepáticos após pré-tratamento da truta arco-íris com indutores do citocromo. *Pestic. Biochem. Physiol.* **42:**140-150.

Evdokima, E.S. 1974.*Vetarinari.* **12:** pp.94.

Faust, S.D. 1964. Poluição da água e do ambiente por pesticidas orgânicos. *Pharmacology therapeutics.* **4**:677-686.

Faust, S.P. e Aly, O.M.H. 1974. Poluição da água por pesticidas orgânicos. *J. Am. Water works. Assen.* **56**:267.

Ferguson, D.E. e Good Year, C.P. 1967. A via de entrada da endrina em cabeças de touro pretas *Ictalurus malus. Copiea.* **2:**467.

Fernando, M.D. e Ander-Moliner. 1991. Alterações em parâmetros bioquímicos seleccionados no cérebro do peixe *Anguilla anguilla* (L) exposto ao Lindano. *Bull. Environ. Contam. Toxicol.* **48**:747-755.

Fingerman, M., Hanuman, M.M. Deshpande, V.D., e Nagabhushanam, R.1981. Aumento das substâncias redutoras totais no caranguejo de água doce, *Barytelphusa querini*, produzido por pesticidas (DDT) e indol-alquilamina (Serotonina), *Experientia.* **37:**178-179.

Finney, D.J. 1971. *Probit analysis 3rd* edition. Cambridge University Press. Cambridge University Press.

Folch, J., Lees, M e Solone-Stanley, G.H. 1957. Um método simples para o isolamento e a purificação de lípidos totais de tecidos animais. *J. Biol. Chem.* **226**: 497-509.

Forshaw, P.J. e Ray, 1986. The effect of two pyrethroids cismethrin and deltamethrin on skeletal muscle and the trigeminal reflex system in the rat. *Pestic. Biochem. Physiol.* **25:** 143-151.

Fraster, D.L., W.J. Weinstein, H.M., Dingle, J.R. e Hines, J.A. 1966. Glycolytic metabolities and their distribution at death in the white and red muscle of cod following various degrees of antemorterm muscular activity. *Can. J. Biochem. Physiol.* **44:** 1015-1033.

Fry, M. 1995. Efeitos reprodutivos em aves expostas a pesticidas e produtos químicos industriais. *Environ. Health. Perspect.* **103** (Suppl 7):165-171.

Fulner, R e Weissner, H. 1976. Pesticide waste disposal, Proceedings of Conferenceon Hazardous Materials Spills, *Am.Institute of Chem.Eng.*345.

Gammon, D.W. e Holden, J.S. 1979. A neural basis for pyrethroid resistance in larvae of *Spodoptera littoralis.* In: InsectNeurobiology and Pesticide Action (Neurotox 79). 481-88. Londres. *Soc. Chem. Ind.* pp.517.

Gammon, D.W. Brown, M.A. e Casida, J.E. 1981. Duas classes de ação dos piretróides na barata. *Pestic. Biochem. Physiol.* **15:** 181-191.

Gammon, D.W., Lawrence, L.J. e Casida, J.E. 1982. Toxicologia dos piretróides: Efeitos protectores do diazepam e do fenobarbital no rato e na barata. *Toxicol. Appl. Pharmacol.* **66:** 290-296.

Ganesan, R.M., Jebakumar, S.R.D. e Jayaraman, J. 1989. Efeitos subletais do inseticida organoclorado (endosulfan) nos teores de proteínas, hidratos de carbono e lípidos nos tecidos do fígado de *Oreochromis mossambicus. Proc. Indian. Acad. Sci.* (Anim. Sci). **98**: 51-55.

Garg, V.K., Garg, S.K. e Tyagi,S.K. 1989. Manganese induced haemotological and biochemical abnormalities in *H. fossilis. J. Environ Biol.* **10(4)**: 349353.

George, J.C. e Talesara, C.L. 1962. Atividade da lipase das fracções particulares do músculo peitoral do pombo e seu significado no metabolismo do músculo. *J. Cell. Comp. Physiol.* **69**: 33-40.

Geraldine, P., Sarvana Bhavan, P., Kaliamurthy, J e Zayapragassarazan, Z. 1999. Efeitos da intoxicação por diclorvos no camarão de água doce, *M. malcolmsoni. J. Environ. Biol.* **20(2)**: 141-148.

Gill, T.S. e Pant, J.C. 1981. Effects of sublethal concentration of mercury in teleost, *Puntius conchonium biochemical* and hematological responses. *Indian. J. Exp. Biol.* **19:** 571-573.

Giray, B., Gurbay, A. e Hincal, F. 2001. O stress oxidativo induzido pela cipermetrina no cérebro e no fígado de ratos é evitado pela vitamina E ou pelo alopurinol. *Toxicol, Lett.***118**: 139-146.

Giridhar, P. 2002. Biochemical - histological aspects in the teleost *Labeo rohita* (Ham) when exposed to an organophosphours Nuvan, Ph.D., thesis submitted to S.K. University, Anantapur. A.P.

Giridhar, P. e Indira, P. 1997. Efeito de um organofosforado Nuvan nos lípidos totais e na atividade lipásica do peixe de água doce *Labeo rohita* (Ham). *Indian. J. Comparative Animal. Physiol.* **15:** 37-40.

Giridhar, P.1997. Metabolismo lipídico no teleósteo de água doce *Labeo rohita* (Ham) quando exposto a um organofosforado Nuvan. Dissertação de Mestrado apresentada à Universidade de S.K., Anantapur, A.P.

Gladenko, I.N. e Malinin, O.A. 1970 Gig Prime Tokkal Klin. *Ostrovlenti*, **8:**188.

Glickman, Andrew H., Hamid Ahmed, A.R., Rickert, D.E.e Lech. John J. 1981. Eliminação e metabolismo dos permetrinisómeros na truta arco-íris. *Toxicol. Appl. Pharmacol.* **57:** 88-89.

Gnadinger, C.B. 1945. Pyrethrum flowers, suppl. To 2nd ed. Mc Laughlin Gormley king Co., Minneopolis, Minneopolis, Minn.

Goldberg, A.L. e Dice, J.F. 1974. Degradação intracelular de proteínas em células de mamíferos e bactérias. *Annu. Rev. Biochem.* **43**: 835-869.

Goodman, L.R., Henson, D.J., Coppage, D.L., Moore, C e Methews. 1979. Toxicidade crónica do diazion e inibição da acetilcolinesterase cerebral no peixe-anão de cabeça de carneiro, *Cyprinodon variegatus. Trans. Am. Fish. Soc.* **108**: 479-488.

Gopalakrishna, A.M., Khanna, R.N. e Misra, D. 1982. Alterações induzidas pelo endosulfan na glucose sanguínea do peixe-gato, *Clarias batrachus. Biol. Abstr.* **73(1)**:54-82.

Gosh, P. e Bhattacharya, S. 1992. Inibição da AChE in vivo e in vitro por metacid-50 e carbaril em *Channa punctatus* em condições de campo. *Biomedical and Environmental Sciences.* **5(1)**: 18-24.

Gosh, T.K. e Chatterjee, S.K. 1989. Influence of Nuvan in the organic reserves of Indian freshwater murrel, *Channa punctatus. J. Env. Biol.* **10**: 93-99.

Grainger, J.N.R. 1958. First Stage in the adaptation of Poikilotherms to temperature change. In physiological adaptation. (Ed) C.L. Prosser, *American Physiological Society*, Washington, DC. pp.79.

Grass, 1957. Mecanismos comportamentais de regulação osmótica num caranguejo semi-terrestre. *Biol. Bull.* **113**:268-273.

Gray, A.J. 1985. Estrutura dos piretróides - Relação de toxicidade em mamíferos. *Neurotoxicologia*. **6:** 127-128.

Gray, A.J. e Rickar, 1982. Toxicidade dos piretróides em ratos após injeção direta no sistema nervoso central. *Neurotoxicologia*. **6:** 127-128.

Gray, A.J. e Soderlund, D.M. 1985. Mammaliantoxicologyof pyrethroids. In: "Progress in pesticide biochemistry and toxicology". (Eds. Huston, D.H. e Roberts, T.R.). John Wiley and Sons Ltd, Nova Iorque, pp. 193-248.

Gray, E.F. e Hall, F.G. 1960. O açúcar no sangue e a atividade dos peixes. *Biol. Bull.* **58**:217.

Gupta, P.K. e Satankhe, D.K. 1985. *Toxicologia moderna* Vol. II. The adverse effect of xenobiotics. Metrotpolitan book company private ltd., Nova Deli. 15-17.

Gupta, R.A. e Tyagi, B.C. 1978. Effect of pollutants on fish metabolism in : fish and fisheries of India (Ed V.G.Jhingran), Hindustan publishing corporation, India, pp 130.

Hamelraad, J., Holwerday, D.A. Herwig, H.J., e Zandu, D.I. 1990. Efeitos do cádmio em amêijoas de água doce. II. Alterações ultra-estruturais no sistema renal de *Anodonta cygnea. Arch. Environ. Contam. Toxico*, **19:** 691698.

Hansen, D.T. e Wilson, A.J.Jr.1970. Significance of DDT residues from the estuary near Pensacola. Fla. *Pestic. Monit.J.* 51.

Harper, H.A., Rodwell, U.M. e Mayer, D.A. 1979. *In: Review of Physiological Chemistry*, 17th edição Lange Medical Publication, Califórnia.

Harris, J.E., Sheahan, D.A. Jobliny, S., Matthissen P., Taylor, T. e Zaman, N. 1997. Atividade estrogénica em cinco rios do Reino Unido detectada pela medição da vitelogénese em trutas machos enjauladas. *Environ. Toxicol. Chem.* **16**:534-542.

Hassid, W.Z. e Abraham S. 1957. *In: Methods in enzymology* 3:34 (eds) S.P.colowick e NO.Kalpan. Academic Press, Nova Iorque.

Hattingh, J. 1977. O açúcar no sangue como indicador de stress em peixes de água doce, *Labeo capensis* (Smith).*J.Fish.Biol.* **10:**191-195.

Heath, A.G. e Pritchard, A.W. 1965. Effects of severe hypoxia on carbohydrates energy stores and metabolism in two species of freshwater fish. *Physiol. Zool.* **38**:325-334.

Heath, D.F. 1961. *Organophosphorus venons* anticholinesterase and related compounds, Pergman Press, New York.

Henderson, C. e Pickering, O.H. 1963. Utilização de peixes na deteção de contaminantes na água de abastecimento. *J. AM. Wat. Wts. Ass.* **55**:717-720.

Heth, M. e Fingerman, M. 1977. The influence of size, sex and temperature on the toxicity of mercury to the two species of Cray fish. *Bull. Environ. Contam. Toxicol.*, **18(5)**:572-580.

Hijzen, T.H. e Slangen, J.L. 1988. Effect of type I and type II Pyrethroids on the statrle response in rats. *Toxicol. Lett.* **44:** 141-152.

Hiltibran, R.C. 1974. Metabolismo de oxigénio e fosfato das mitocôndrias do fígado de bluegill na presença de alguns insecticidas. *Trans III Acad. Sci.* **67**:228.

Himadri Sekhar, D. Balaram, N e Jayananda P. 2002. Toxicological effect of on some biochemical parameters of freshwater *Channa punctatus* (B) under sthe stress of nickel. *J. Env. Biol.* **23(3)**: 275-277.

Hingorani, H.G., Madhusudhana Rao, K. e Ramachandra, R. 1973. Uma tentativa de estudar a poluição e a mortalidade dos peixes no reservatório de Hussainsagar em Hyderabad. *J. Ind. Fish. Ass.* **3**:105-109.

Hoar, W.S. 1976. In: General *and Comparative Physiology*, 2nd edition, Prentice Hall of India Pvt. New Delhi.

Hodger, L. 1973. In: *Environmental pollution*. Holt Rinehart and Winston, Nova Iorque.

Holcombe, G.W., Phipps, G.L. e Tanner, D.K. 1982. The acute toxicity of kelthane, dursban, disulfoton, pydrin and permethrin to fathead minnows Pimephales promeals and rainbow trout, *Salmo gairdneri. Environ. Pollut.* **29A:** 167-178.

Holden, A.V. 1970. Effect of pesticides on fish, Environmental pollution by pesticides, Ed.By Edwards. Plenum press, Londres, Nova Iorque. pp:213- 253.

Holden, A.V. 1972. O efeito dos pesticidas na vida em água doce. *Proc. Soc. Lond. B.* **180:** 383-394.

Holden, A.V. 1973. Monitoring PCB in water and wildlife, conferência PCB II, *Natl. Swedish Environ. Protect. Board. Publ.* 4E, 23.

Hoppenheit, M. 1977. Sobre a dinâmica da população explorada de *Tisbe hotostruneas* (Copepoda: Harpacticoida). A toxicidade do cádmio. *Helgol. Wiss Meeresunters.* **29(4)**:503-523(Eng).

Humphrey, E.B. 1987. A poluição humana. Uma receção definitiva para os contaminantes aquáticos. *Hydrobiologia.* **149:** 75-85.

Hunter, J.V., Dowden, B.F. e Bennet, H.J. 1967. Effects of endrin on oxygen consumption of the bluegill sun fish. *Lepomis microchirus. Proc London Acad. Sci.* **30**:80-86.

Hurlbert, S.H., Mulla, M.S., Keith, J.O., Westlake, W.E. e Dusch, M.E. 1970. Biological effects and persistence of Dursban in freshwater ponds (Efeitos biológicos e persistência de Dursban em lagos de água doce). *J. Econ. Entamol.* **63**:pp:43.

Indira, P. 1985. Diferenciação entre o stress da poluição e a adaptação à poluição na carpa comum, *Cyprinus carpio.* Tese de doutoramento, Universidade S.K., Anantapur, Índia.

Jabber, S.M.A., Khan, Y.S.A e Rahman, M.S. 2001. Resíduos de pesticidas organoclorados no músculo de três peixes do estuário do Ganges, Bangladesh, *Int. J. Ecology and Env. Sci.* **27**: 111-116.

Jackson, H.W. e Brings, W.A.Jr. 1966. Biomonitorização de efluentes industriais *Ind. Wat. Enging.* **45**:14-18.

Jackson, R.B. 1983. Resíduos de pesticidas nos solos. No solo: An Australian view point CSIRO. Melbourne/Academic Press. Londres. pp.825-842.

Jacques, Y., Romey, G., Cavey, M.T., Kartalovski, B. e Lazdunski, M. 1980. Interação de piretróides com o canal de Na+ em células neuronais de mamíferos em cultura. *Biochem. Biophys. Ata.* **600:**882-897.

Jadhav, M.L. e Lomte, U.S. 1982. Influência dos neuro-humores no consumo de oxigénio do mexilhão de água doce, *Lamellidens corrianus. J. Sci. Res.* **4(1)**:13-14.

Jagadeesan, G. e Mathivanan, A. 1999. Alterações orgânicas constitutivas induzidas por 3 concentrações subletais diferentes de mercúrio e recuperação nos tecidos hepáticos de alevins de *Labeo rohita. Poll. Res.* **18(2)**:177-181.

James,J.H., Ziparo,V., Jeppsson,B. e Fischer, J.E. 1979. Hiper amonemia, desequilíbrio de aminoácidos no plasma e transporte de aminoácidos no sangue e no cérebro: Uma teoria unificada da encefalopatia sistémica portal. *Lancet.* **21**:772-775.

Jarman, W.M., Norstrom, R.J., Simon, M., Burns, S.A., Bacon, C.A. e Simoneit, B.R.T. 1993. Organoclorados, incluindo compostos de clordano e seus metabolitos, em ovos de falcão-peregrino, falcão-da-pradaria e de trilho-da-rocha dos E.U.A. *Environ. Pollut.* **81**:127-136.

Jauncey, K. 1982. Carp (*Cyprinus carpio-L*) Nurtrition-A *review cited in Recent Advances in Aquaculture, edited* J.G Muir. E R.J. Roberts, West View Press, INC 5500. Colorado. pp.222.

Jawale, M.D. 1985. Effect of pesticides on metabolic rate of freshwater fish, *Rasbora daniconius. Ecology*. **5(4)**:521-574.

Jayantha Rao, K. 1982. Efeito de um pesticida sistémico, o fosfomidão, em alguns aspectos do metabolismo do peixe de água doce, *T. mossambica* (Peters) Tese de doutoramento, Universidade de S.V., Tirupati, Índia.

Jayaprada, P., Reddy, M.S. e Rao, K.V.R. 1991. Subacute physiological stress induced by phosphomidon on carbohydrate metabolism in midgur gland of prawn, *P. indicus. Biochem. Inst.* **23(3):**507-514.

Jayaratnam, J. 1985. Health problems of pesticide usage in the Third World (Problemas de saúde decorrentes da utilização de pesticidas no Terceiro Mundo). Br. *J. Ind. Med.* **42:** 505-506.

John Couch, 1974. Histopathologic effects of pesticides and related chemicals on the liver of fishes. Proc. do simpósio, Research on Fisheries patrocinado pelo Registo de Patologia Comparada, Universidade de Wisconsin (Imprensa).

Joseph, A.T., Selvanayagam, M. e Sebastain Raja, S. 1992. Toxicidade do níquel no conteúdo proteico dos tecidos de *Cyprinus carpio communis* (Linn). *Indian J. Environ. Hlth.* **34(3)**:236-238.

Joshi Krishna, C. 1992. Poluição ambiental, Notícias de emprego Vol. **XVII**, No. **1**. Page. 1-2.

Jyothi, B. e Narayan, G. 1999. Toxic effect of carbaryl on gonads of freshwater fish, *Clarias batrachus. J. Environ. Biol.* **20(1)**:73-76.

Kabeer Ahammad, I., I., Sivaiah S. e Ramana Rao, K.V. 1979. *Comp. Physiol. Ecol.* Vol. **4**, No. **2**. pp. 81-83.

Kabeer, A.S.I., Prasad Rao, K.S., Sambasiva Rao, K.R.S. e Ramana Rao, K.V.S. 1984. Toxicidade subletal do malatião sobre as proteases e a composição de aminoácidos livres no fígado do telecost, *T. mossambica* (Peters). *Toxicol. Letters.* **20**:59-62.

Kamalaveni, K., Gopal, V., Sampson, U. e Aruna, D. 2001. Effect of pyrethroids on carbohydrate metebolic pathways in common carp, *Cyprinus carpio*. Pest *Management Science.* **57(12):**1151-1154.

Kamalaveni, K., Gopal, v., Sampson, U. e Aruna, D. 2003. Recyling and Utilization of Metabolic wastes for energy production is an index of biochemical adaptation of fish under environmentl pollution stress. *Environmental Monitoring and Assessment.* **86(3):**255-264.

Kamble, G.B. e Muley, D.V. 2000. Effect of acute exposure of endosulfan and chloropyrifos on the biochemical composition of the fresh water fish *Sarotherodon mossambicus. Indian. J. Environ. Sciences.* **4(1)**:97-102.

Kanor, S.K., Gosh, T.K. e Day, M. 1991. Gestão de problemas complexos de poluição de reservatórios indianos para aumentar a produção de peixes. *Env. Ecol.* **9(2)**:460-472.

Kaphalino, B.S., Seth, T.D. e Hussigh, M.M. 1981. Organochlorine pesticide residues in some wild Indian birds (Resíduos de pesticidas organoclorados em algumas aves selvagens da Índia). *Indian. J. Biochem. Bioiphys.* **18**: 157.

Kennedy, H., Walsh, D e David.F.1970. Tech. Pap. Bur. Sport Fish wildlife (US) No. 55.

Kerpenko, V.N.1975. Vrach Dela, **1:**122.

Kerr, S.R. e Vas, W.P. 1973. *In: Environmental Pollution* Ed. (Edwards) Pd 173. Plenum Press. Nova Iorque.

Khalid & Javid, 1978, Effect of DDT and PNA and protein synthesis in *Tetrahymena pyriformis Indian J.Exp.Biol.* **19(6)** : 568-570.

Khan, H.M., 1980. Avian eggshell thinning, DDT, DDE and the role of mitochondria. Dissertação de doutoramento Universidade de Minnesota, Minneapolis.

Kilkis, S.D., Kamarianos, A.P., Kousouris, T.H. e Tsing Kounakisi, I. 1981. Investigação da causa de uma mortandade de peixes no kisamos. *Golfo. Bull. Environ. Contam. Toxicol.* **26**:453-460.

Kime, D.E. 1995. O efeito da poluição na reprodução dos peixes. *Review Fish Biology and Fisheries.* **5**:52-96.

Kinako, P.D.S. 1979. Poluição da água na Nigéria. J. *Environ. Manage.* **9:** 205.

Kinne, O. 1958. *Zool. Jb. Physiol.* **67:**407-486.

Kinne, O. 1964a. Adaptação não genética à temperatura e à salinidade. *Helgol. Wiss. Meeresunters.* **9:**433-458.

Kito, H., Osc, Y., Sato, T. e Ishikawa, T. 1982. Formação de metaloproteínas em peixes. *Comp. Biochem. Physiol.* **73c(1)**:129-134.

Klement, A.W. e Jr.Wallen, I.W. 1960. U.S. Energy Comm. Off tech. Infr. Rept No. TTD 4940. pp 1-42.

Koli, S.G. Veragiva e Yeragi, S. 2000. Effect of pesticide malathion on protein metabolism of the marine crab *Uca marionis (*Efeito do pesticida malatião no metabolismo proteico do caranguejo marinho *Uca marionis). J. Ecotoxicol, Environ. Monit.* **10(1):** 59-62.

Konar, S.K., Gosh, T.K. e Day, M. 1991. Gestão dos problemas de poluição dos reservatórios indianos para aumentar a produção de peixe. *Env. Ecol.* **9(2):**460-472.

Korolkovas,A. 1970. Essentials of Molecular Pharmacology. Widely Interscience, Nova Iorque.

Koundinya, P.R. e Rama Murthy, R.1979. Estudos hemotológicos em *Satotherodon mossambica* (Peters) exposto a uma concentração subletal (LC50) de 48 horas. Conc. de submithion e sevin. *Curr. Sci.* **48 (19)**: 877-879.

Koundinya, P.R. e Ramamurthy, R. 1979a. Estudo comparativo da inibição da atividade da AChE nos teleósteos de água doce, *S. mossambica* (Peters) por Sevin (Carbamato) e Sumithion (organofosfato). *Curr. Sci.,* **48**:832.

Koundinya, P.R. e Ramamurthy, R. 1980. Toxicidade do sumitião e da sevina em peixes de água doce, *S. mossambicus* (Peters). *Curr. Sci.* **39(32)**:875-876.

Krishna Murthy, C.R. 1981. Actas do Simpósio. *Indian. J. Biophys. Biochem.* **8(4)**:245.

Krishna, A.P., Rege, M.S. e Joshi, A.G. 1987. Efeitos tóxicos de certos metais pesados (Hg, Cd, Pb, Ar, Se) no caranguejo inter-marés, *Scylla serrata. Mar. Environ. Res.* **21**:107-120.

Kufesak, O., szeglets, T., Lang, G Halasay IR., Benedeezky, Y e Manesok, J. 1994. Investigação dos efeitos dos pesticidas na forma molecular da AChE no canal alimentar da carpa. *Pestic. Biochem. Physiol.* **49**:155-163.

Kumaraguru, A.K. e Beamish, F.W.H. 1981. Lethal toxicity of permethrin to rainbow trout, *Salmo gairdneri* in relation to body weight and water temperature. *Water. Res.* **15:** 503-505.

Kunnemann, H. e Bashamohideen, Md. 1976. Proc. 69th Session, *Ger. Zool. Sco.* pp. 22.

Kupfer, D. e Bulger, W.H. 1976. *Pesticida. Biochem. Physiol.* **6**:8-61.

Lacerda, T.P. e Swaya, P. 1986. Efeitos de condições hipo osmóticas na concentração de glicose na hemolinfa de *Callinectes danae* (Crustacea). *Comp. Biochem. Physiol.* **85(3)**:509-512.

Lagler, K.F.Bardach, J.E.Miller, R.F. e Mey Passino, P.R.1977. Icthyology John wiley and sons (2nd ed), Nova Iorque. PP. 213.

Larsson, A. 1973. Efeitos metabólicos da epinefrina e da norepinefrina na enguia, *Anguilla anguilla, L. Gen. Comp. Endocrinol.* **20**:155-167.

Lassiter, R.R. e Hallam, T.G. 1990. Survival of the fattest implications for acute effect of lipophilic chemicals on aquatic pollution's. *Environ. Toxicol. Chem.* **9**:585-595.

Latha Charles. 2000. Respostas cardio-respiratórias e hemológicas da carpa comum, *Cyprinus carpio,* submetida à toxicidade do malatião e à avaliação do impacto ambiental. Tese de doutoramento apresentada à Universidade de S.K.. Anantapur. A.P.

Lawerence, C.J. e Casida, J.E. 1983. Ação estereoespecífica dos insecticidas piretróides no complexo recepto-inóforo do ácido γ-aminobutírico *Science.* **221**:1399-1401.

Leduc, G. 1966a. Some Physiological and biochemical responses of fish to chronic poisoning by cyanide, 146 pp. Tese de doutoramento, Universidade Estatal do Oregon, Corvallis, Oregon.

Lee, P.W., J. Agrie. 1985. *Food Chem.* **33**: 993.

Li, M. 1977. Poluição nos estuários das Nações originada pela utilização de pesticidas na agricultura. *Estuarine. Pollut. Control. Avaliar. Proc. Conf.* 451-466.

Lloyd, R. e Orr, L.D. 1969. *Water. Res.* **3:** 335-334.

Lock, E.A. e Berry. P.N. 1981. Alterações bioquímicas no cerebelo do rato após a administração de cipermetrina. *Toxicol. Appl. Pharmacol.* **59:** 508514.

Lowenstein, J.M. 1972. A produção de amoníaco no músculo e noutros tecidos. O ciclo dos nucleótidos de purina. *Physiol Rev.* **52**:382-414.

Lowry, O.H., Rosenbrough, N.J., Farr, A.L. e Randall, R.J. 1951. Medição de proteínas com o reagente de folina-fenol. *J. Biol. Chem.* **193**:265-275.

Luckes, Z. 1977. Methods for diagnosis of fish diseases, American Publishing company private limited, Nova Iorque.

Luskova, V., Svoboda, M. e Kolarova, J. 2002. O efeito do diazinão na bioquímica do plasma sanguíneo da carpa, *Cyprinus carpio* (L). *Ata vet. Brno.* **71:**117-123.

Luther Das, P.N. Jeewaprada e K. Veeraiah. 1999. Toxicidade e efeito da cipermetrina nos constituintes bioquímicos do teleósteo de água doce, *Channa punctata. J. Ecotoxicol. Monit.* **9(3)**:197-203.

Macek, K.J. e Huchinson. 1969. Efeito da temperatura na suscetibilidade da brânquia azul e da truta arco-íris a pesticidas subletais. *Bull. Environ. Contam. Toxicol.* **4**:174.

Macek, K.J., Walsh, D.F., Hogan, J.W. e Holz, D.D. 1972. Toxicidade do inseticida dursban para peixes e invertebrados aquáticos em lagos. *Trans. Am. Fish Soc.* **101**:420-427.

Madhu, C. 1983. Potencialidades tóxicas do Lindano no metabolismo lipídico, alterações hematológicas e histopatológicas em tecidos seleccionados do peixe *T. mossambica* (peters) em diferentes períodos de exposição. Tese de doutoramento apresentada à Universidade de S.V., Tirupati, Índia.

Mahajan C.I. e Dheer 1980. Vth all India symposium on Comp. Ani. Physiol. Univeristy of Poona. Pune, pp. 109.

Mahajan, C.L. e Sharma, K.C. 1984. Effect of feeding aldrin contaminated diet on mortality, growth and certain biochemical parameter of freshwater fish, *Channa punctatus* (Bloch). PWC. Natl. Acad. Sci. India. **54(B)**, II.

Mahipal Singh, 1995. Respostas hematológicas num teleósteo de água doce *Channa punctatus* ao envenenamento experimental por cobre e crómio. *Environ. Biol.* **16(4)**:339-341.

Malla Reddy, P. e Basha Mohideen, Md., 1989. Alterações induzidas pelo fenvalerato e pela cipermetrina nos parâmetros hematológicos de *Cyprinus carpio* Ata. *Hydrochim Hybrodiol.* **17:** 101-107.

Malla Reddy, P. e Philip, G.H. 1991. Hepatotoxicidade do malatião no metabolismo das proteínas em *Cyprinus carpio. Ata. Hydrochem. Hydrobiol.* **19(1)**:127-130.

Mandal, P.K. e kulshrestha, A.K.1983. Efeito crónico do malatião na eritropoese do peixe-gato *Claris batrachus (*Linn*) Natl. Acad. Sci. Lett.* **6 (9):** 311-313.

Manwell, C.1960. *Annul. Rev. Physiol.* **22:**191.

Mark, E.H. 1969. Report by commission on pesticides and their relationship to environmental health part I & II; U.S. Dept. of Health Education and Welfare (U.S. Govt. Printing Office).

Maruthi, A.Y. e Subba Rao, M.V. 2000. Efeito dos efluentes de destilaria nos parâmetros bioquímicos do peixe *Channa punctatus* (Bloch). *J. Env. Polln.* **7(2):**111-113.

Mary Chandravathy, V. e Reddy, S.L.N. 1994. Recuperação in vivo do metabolismo das proteínas nas brânquias e no cérebro de um peixe de água doce, *Anabas scandens,* após exposição ao nitrato de chumbo. *J. Environ. Biol.* **15(1)**:75-82.

Mathur, R.A.J. 1995. *Preventing pesticide pollution" (Prevenir a poluição por pesticidas).* Kisan world. **23(12)**:21-22.

Matsmura, F. 1975. Toxicology of insesticies, Plenum Press. Nova Iorque. London.pp. 115-123.

Matsumura, F.G.M. Boush e T.Misato. 1972. Environmental *Toxicology of Pesticides.* Academic Press. Nova Iorque.

Mauck, Wilbur L., Olson, Lee, E. e Marking, Leif L. 1976. Toxicidade das piretrinas naturais e de cinco piretrinas e cinco piretróides para os peixes. *Arch. Envorn. Contam. Toxicol.* **4:** 18-29.

Mayers, P.A. 1977. In:Review of Physiological Chemistry. 16th edition. Harper, H.A. Rodwell, V.M. e Mayers, P.A. Lange Medical Publication, Califórnia.

Mc Kee, J.E. e Wolf, H.W. 1963. Critérios de qualidade da água, Calif. Conselho Estatal de Controlo da Qualidade da Água. *Sacramento.* pp.548.

Mc Keese, D.W. Metcalf, C.D. e Zitko, V. 1980. Letalidade da permetrina cipermetrina e do fenvalerato para o salmão, a lagosta e o camarão. *Bull. Envorn. Contam. Toxicol.* **25:** 950-955.

Meleay, 1974. Estimulação do crescimento e alterações bioquímicas em juvenis de salmão cosio (O. Kistuch) expostos a efluentes de fábricas de pasta de papel Kraft branqueada durante 200 dias. *J.Fish. Res, Bd. Can.* **31**:1043-1049.

Mendel, B., Kemp, A. e Mayer, D.K. 1954. Um método calorimétrico para a determinação da glucose. *Biochem. J.* **56:** 639-645.

Michael, M. 1991. Poluição dos rios: *The world scientist*. **40**:45-46.

Migula, P.J., Hurny, A., Kedzidriski, M., Nakonieczny, Kafel, A. e Binkowska. R. 1990. Efeitos metabólicos da ação dos piretróides na abelha. *Uttarpradesh Zool.* **10(1):** 1-10.

Miskimmin. B.M.M., Muir, D.C.B., Schindler, D.W., Stren, B.A. e Grift, N.P. 1995. Chlorocarbons in sediments and fish 30 years after toxophane treatment of lakes. *Environ. Sci. Technol.* **29(10)**:2409-2495.

Misra, V., Vinod Kumar Pandey, S. e Viswanthan, P.N. 1990. Alterações no metabolismo dos hidratos de carbono em alevins de peixe e em alevins expostos a alquilbenzeno sulfonato. *Water Air Pollut.* **50(32)**:233-240.

Mitra, A.K. 1982. Características químicas das águas superficiais numa estação de medição selecionada nos rios Godavari, Krishna e Thungabhadra. *Indian. J. Environ. Health.* **24(2)**:165-179.

Miure, T., Takahashi, R.M. e Mulligan, F.S. 1977. III. *Proc. Artigos Calif. Mosq. Cont. Assoc.* **45:** 137(1977).

Miymoto. J. e Suzuki, T. 1973. Metabolismo da tetrametrina em moscas domésticas in Vivo. *Pestic. Biochem. Physiol.* **3:** 30.

Mong, F.S.F. e Poland, J.L. 1981. Restauração de substrato em enxertos musculares de rato. *Ires. Med. Sci.* **916**:508-512.

Moore, S. e Stein, W.H. 1954. Um reagente de ninidrina modificado para a determinação fotométrica de aminoácidos e compostos relacionados. *J. Biol. Chem.* **24:**907-913.

Muchopadhyay, P.M. e Dehadrai, P.V. 1978. Toxicidade do malatião e perturbação do metabolismo da droga no fígado e nas brânquias do peixe-gato *Clarias batrachus* (Linn). *Ind. Exp. Biol.* **16:** 688-698.

Muirhead-Thomson, R.C. 1977, *Mosq. News.* **37:** 172.

Muirhead-Thomson. 1971. *Pesticides and Fresh water fauna*. Academic Press. Nova Iorque. p.73.

Mukhopadhayay, P.M. e Dehadri, P.V. 1978. Toxicidade do malatião e perturbação do metabolismo da droga no fígado e nas brânquias do peixe-gato, *C. batrachus* (Linn). *Indian. J. Exp. Biol.* **16**:688-689.

Mulla. M.S., Navvab Gujarati, H.A. e Darwazeh, Ha.A. 1978. Toxicidade dos piretróides larvicidas de mosquitos para quatro espécies de peixes de água doce. *Environ. Entomol.* **7(3):** 428-430.

Murthy, R.L. 1983. Synthetic Pyrethroids their use and abuse Pesticides, 56-57.

Nagendra Reddy, A., Venugopal, N.B.R.K. e Reddy, S.L.N. 1991. Efeito do endosulfan 35% EC no metabolismo do glicogénio na hemolinfa e nos tecidos de um caranguejo de água doce,

Barytelphusa guerini. Pestic. Biochem. Physiol. **40(2)**:176-180.

Nagy, I., Sohori Bekessey, Kavaca, G. e Guba, F. 1981. *Proc. Ann. Meet. Biochem.* **21**:p.59.

Nakano, T. e Tomilson, N. 1967. Catecolaminas e concentrações de hidratos de carbono na truta arco-íris (Salmo gairdneri) em relação à perturbação física. *J. Fish. Res. Biol.* **24:**1701-1715.

Nanda, P., Panda, B.N. e Behara, M.K. 2000. Alternâncias induzidas pelo níquel no nível proteico de alguns tecidos de *H.fossilis. J.Env. Biol*, **21**:117-119.

Narahashi, T. 1962. Efeito do inseticida allethrin nos potenciais de membrana dos axónios gigantes. *J. Cell. Comp. Physiol.* **59:** 61-65.

Narahashi, T. 1976. Em "Neurotoxicology of insecticides and pheromones" (T.Narahashi, ed,) pp.211-243. Plenum Press, Nova Iorque.

Narahashi, T. 1985. Canais iónicos de membrana nervosa como alvo primário dos piretróides. *Neurotoxicologia* **6:** 322.

Narahashi, T. e Anderson, N.C. 1967. Mechanism of excitation block by the insecticide allethrin applied externally and internally to squid gaint axons. *Toxicol. Appl. Pharmacol.* **10:** 529-547.

Narahashi, T. e Lund, A.E. 1980. *In: "Insecticides neurobiology and pesticide action",* pp.497-505. Sociedade da Indústria Química, Londres.

Narasimha Murthy, B., Srinivasulu Reddy, M. e K.V.Ramana Rao. 1985. Significado da atividade da aminotransferase do peixe de água doce, *Oreochromis mossambicus* (Trewas) sob a toxicidade do lindano. *Curr. Sci.* **54(2)**:1077-1079.

NAS, Academia Nacional de Ciências. 1983. In:Recent advances in the state of the art in risk assessment. *Actas da 8th Conferência anual internacional sobre gestão de materiais perigosos.* Centro de convenções de Atlantic City. Atlantic City New Jersey.

Natarajan, G.M. 1980. *Curr. Sci.* **50(2)**:985-989.

Natarajan, G.M. 1983. Toxicidade do Metasystox: Efeito da concentração letal de aminoácidos livres e glutamato desidrogenase em alguns tecidos do peixe respirador de ar, *Channa Striatus, Comp. Physiol. Ecol.* **8(4):** 254-268.

Natelson, S. 1971. *In: Técnicas de química química.* 3 Edição, Charles. C. Thomas Publishers. Springfield, Illinois, EUA. pp.203-268.

Nath, G., Datta, K.K., Dikshith, T.S.S.Tandon, S.K.e K.P. Pandya. 1996. Interação entre o endossulfão e a *metapa* em ratos. *Toxicologia*, **11:** 385-393.

Conselho Nacional de Investigação, Canadá (1986). Pyrethroids, their effects on aquatic and terretrial ecosystems (Piretróides, seus efeitos nos ecossistemas aquáticos e terrestres). Conselho Nacional de Investigação do Canadá, Comité Associado de Critérios Científicos para a Qualidade

Ambiental, Subcomité de Pesticidas e Produtos Químicos Orgânicos Industriais. Publicação nº NRCC 24376 do Secretariado do Ambiente. Ottawa.

Nicholson, H.P. 1967. Pesticide Pollution Control (Controlo da Poluição por Pesticidas). *Science.* **158**:871.

NIN. 1977. *Relatório anual* (Publicação ICMR). pp. 184.

Niraj Kulshrestha, L.L.M. 1992. Pesticidas e legislação e controlo da poluição ambiental na Índia. *Pestology.* **16(10)**:5-11.

Nisar Ahmed, G. 1994. Respostas bioquímicas de Calluta catla sujeitas à toxicidade da deltametrina em relação ao tamanho. Tese de doutoramento, Universidade de S.K., Anantapur, Índia.

Nobbs, C.L. e Peaur, D.W. 1976. A economia dos poluentes das reservas. O exemplo do cádmio. *Int. Environ. Stu.* **8**:245-255.

Noble, D.G. e Elliott, J.E. 1990. Levels of contaminants in Canadian raptors, 1966 to 1988 : effects and temporal trends. *Canadian field-Naturalist.* **104**:222-243.

O'Berin, R.B. 1967. *Insecticide biochemistry and physiology* editado por C.F.Wilinsten plenum press. Nova Iorque. pp.271.

O'Brien, R.D. 1969: Efeitos bioquímicos. Fosfatação e carbomilação da colonesterase. An N.Y.Acad.Sci.**160**:204-214.

O'Brien, R.D. 1977. Insecticides:Action and Metabolism. *Acad. Press. Nova Iorque.*

OCDE, 1985. Grupo de exportação da OCDE. In: Relação entre a solubilidade em água, o coeficiente de partição octanol/água e a bioconcentração de produtos químicos orgânicos em peixes. *A review. Regul. Toxicol. Pharmacol.* **5:**422-431.

Obilesu, K. 1985. Respostas fisiológicas de *T. mossambica* sujeitas a exposição prolongada a malatião e metilparatlão. Dissertação de mestrado, Universidade S.K., Anantapur, A.P.

Ogata, N., Vogel, S.M. e Narahashi T.L. 1988. O lindano, mas não a deltametrina, bloqueia um componente dos canais de cloreto activados por GABA FaSEB *J.* 28952900.

Okhawa, H.P., Kikuchi, P. e Miyamoto. J. 1980. *J. Pestic. Sci.* **5:** 11.

Onnurappa, J. 1986. Respostas bioquímicas de *Sarotherodon mossambicus* sujeitas a exposição subletal de fosfomidon. Tese de doutoramento, Universidade S.K., Anantapur.

Orchard, I. e Osborne, M.P. 1979. The action of insecticides on neurosecretory neurons in the stick insect, *Carasius morosus. Physiol.* **10:** 197-202.

Oruc, E.O. e Uner, N. 1999. Efeito da 2,4 - diamina em alguns parâmetros do metabolismo das proteínas e dos hidratos de carbono no soro, músculo e fígado de *Cyprinus carpio. Environ. Pollut.*

105(2):267-272.

Oruc-Elif-Ozcan e Uner-Nevin. 1998. Efeitos do azinfosmetilo em alguns parâmetros bioquímicos no sangue, músculo e fígado de *C. carpio*. *Pesticide Biochemistry and Physiology*. **62(1)**:65-71.

Otto, D.M.E., Lind storm - Seppa, P. e Sen, C.K. 1994. Enzimas dependentes do citocromo p-450 e respostas mediadas por oxidantes na truta arco-íris exposta a sedimentos contaminados. *Ecotoxicol. Segurança. Safety*. **237**:265-280.

Pande, J. e Das, S.M. 1980, Metallic contents in water and sediments of lake Nainital, India. *Water Air. Soil. Pollut.* **13:** 3-8.

Pandey, A.C. 2000. Poluição aquática e reprodução de peixes: uma revisão bibliográfica. *Indian. J. Fish*. **47(3)**:231-236.

Pandey, A.C., A.K.Pandey e P.Das.2000. Fish and Fisheries in relation to aquatic pollution *In: Environmental Issues and Management*. S.R.Verma, A.K.Gupta. e P.Das (Eds) Nature conservators. Muzaffarnagar. P.87112.

Pant, J., Tewari, H. e Gill, T. 1987. Efeitos do aldicarbe no sangue e nos tecidos de um peixe de água doce, *B. conchonius. Bull. Environ. Contam. Toxicol.* 38:36.

Paravatheswara Rao, V. 1968a. *Proc. Ind. Acad. Sci.* **LXVIII:** 225-231.

Parker, C.M., Patterson, D.R., Van Gelder, G.A., Gordon, E.B., Valerir, M.G. e Hall, W.C. 1984. Toxicidade crónica e avaliação da carcinogenecidade do fenvalerato em ratos. *J.Toxicol. Env. Health*. **13(1)**:83-98.

Parvatheswara Rao, V. 1972a. Compensação metabólica durante a aclimatação térmica nos tecidos de um peixe tropical de água doce, *Etropens maculatus* (Teleostei), *Biol. Zool.* **91(6)**:681-693.

Parvatheswara Rao, V. 1972b. Avaliação da compensação metabólica do stress térmico em poiquilotérmicos - uma avaliação crítica. *J. Sci. Industrial. Res.* **31**:273-278.

Parvathi, C. 1982. Respostas fisiológicas e bioquímicas de carpas, *Cyprinus carpio, Labeo rohita* e *Cirrhinus mrigala* sujeitas a exposição ao malatião a diferentes temperaturas Tese de doutoramento, Universidade S.K., Anantapur. A.P.

Parvez, S. e Raisuddin, S. 2006. Efeitos do parafato em peixes de água doce, *Channa punctatus* (Bloch). Antioxidantes não enzimáticos como biomarcadores de exposição. *Arch. Env. Cont. Toxicol.* **50(3):**392-397.

Patrik, D.R. e Anderson, E.L. 1990. Recent advances in the state of the art in risk management. Actas da VIII Conferência Internacional Anual de Gestão de Matérias Perigosas. Atlantic City, centro de convenções. Atlantic City, New Jersey, junho de 1990.

Pattabhiraman, T.N. 1993. *In: Principles of Biochemistry*. Publicado por Gajanana Book Publishers and Distributors, Bangalore - 560 076. Índia. pp.323324.

Peer Mohammad, M., Nath, D., Srivastava, G.N. e Gupta, R.A. 1978. *Indian. J. Exp. Biol.* **16**:385.

Percy, J.A. 1977. In fate and effect of petroleum hydrocarbons in marine organisms and ecosystem. pp.192-200.

Perkin, E.J. 1979. Need for sublethal studies (Necessidade de estudos subletais), *Phil. Trans. R. Soc.* London, B. 286-425.

Peter, M. 1973. *In: Revisão de Química Fisiológica*. Ed. H.A.Harper, Publicações Médicas Lange. 14th Edição.

Peterle, J.J. e Gillette, J.W. 1970. *Biological impact of pesticides in the environment* P.H. Environ. Health. Science. Centro. Oregon. State. Univ. Comallis. Oregon.

Pickering, G.H., e Henderson, C. 1966. A toxicidade aguda de alguns metais pesados para diferentes espécies de peixes de água quente. *Air water. Pollut. J.* **10:**453-463.

Pickering, G.H., Henderson, C. e Lemke, A.E. 1962. A toxicidade dos insecticidas organofosforados para diferentes espécies de peixes de águas quentes. *Trans. Amer. Fisheries. Soc.*, **91:** 175.

Pimental, D. e L. Levitan. 1986. Pesticidas: Quantidades aplicadas e quantidades que atingem as pragas. *Bio. Science.***36**:86-91.

Piska Ravi Sankar, Sarala,W e Indira Devi. 1992. O efeito da concentração subletal de piretróide sintético, cipermetrina, nos alevins de carpa comum, *Cyprinus carpio communis* (Linnaeus). *J. Environ. Biol.* **13(2)**:089-094.

Pollak, J.K. e Wandy, J. 1982. Effect of organochlorine compounds on lipid metabolism of foetal rat mitochondria and microsomes. *Bull. Environ. Contam. Toxicol.* **28**:313-318.

Porte, C. Barcelod, D., Albaiges, J. 1992. Monitorização de compostos organofosforados e organoclorados num campo de cultivo de arroz (delta do Fhro, Espanha) utilizando o mosquito *Gambusia affinis* como organismo indicado. *Chemosphere.* **24(6):**735-743.

Post, G. e Leisure, R.A. 1974. Efeitos subletais do malatião em três espécies de salmonídeos. *Poll. Environ. Contam. Toxicol.* **12:** 312.

Potts, W.T.W. 1954. The energetics of osmoregulation in brackish and freshwater animals (A energia da osmorregulação em animais de água doce e salobra). *J. Exp. Biol.* **31**:6198-6200.

Prabhakar, J.D., R.E. Mertin, N.R. Jagtap e S.B. Kshenkalayani. 1993. Effect of endosulfan and HCH on the behaviour of fish, *Labeo rohita. J. Ecobiol.* **5(2):**149-150.

Prabhakara Rao, e Prasad Rao, D.G.V. 1984. O consumo de oxigénio como função em *Certhidea* (Cerithideopsilla) *ungulata* (Gmelin, 1970) e *Cerittium coralium* (Kiner, 1841). *Geobios.* **11**:179-

182.

Pradhan, S.V. 1961. *Proc. Ind. Acad. Sci.* **54 (b)**: 251.

Prasad, G.V. 1986. Hexachlorophene neurotoxicity in mice: possible implications of altered nitrogen metabolism Ph.D. thesis, S.V.Univeristy, Tirupati, India.

Prasad, K.S.S.V. e Bashamohideen, Md. 1985. Toxicidade do malatião de qualidade comercial para o caranguejo de água doce, *O. senex senex* (Fabrican). *Bull. Environ. Sci.* **2(3):**106-110.

Prasada Charyulu, C.S. 1993. Estudos sobre a energia da carpa comum Cyprinus submetida a exposição ao fosfomidon. Tese de doutoramento, Universidade de S.K., Anantapur, A.P.

Premdas, F.H. e Anderson, J.M. 1963. *J. Fish. Res. Bul. Can.* **20**:887.

Prosser, C.L. 1973. *Comparative Animal* Physiology 3rd edition. W.B.Saunder Company, Philadelphia. pp.165-167.

Pruell, R.J., Lake, J.L., Davis, W.R., Quinn, J.G. 1986. Absorção e depuração de contaminantes orgânicos por mexilhões azuis (*Mytilus edulis*) expostos a sedimentos ambientalmente contaminados. *Mar. Biol.* **91:**497-507.

Qayyam, M.W. e Shafi, S.A. 1977. Alterações no glicogénio tecidular de um peixe de água doce *Heteropneustes fossilis* devido a intoxicação por mercúrio. *Curr. Sci.* **46**:652653.

Rachel Carson, 1962. "*Slient spring*". Houghton Mifflin, Boston, 360.

Radhaiah, V. 1989. Estudos sobre o impacto tóxico de um inseticida piretróide, fenvalerato, em alguns aspectos metabólicos e histopatológicos de teleósteos de água doce. *Tilapia mossambica*, tese de doutoramento, Universidade S.V. de Tirupathi, Índia.

Radhaiah, V. e Jayantha Rao, K. 1990. Toxicidade do inseticida piretróide fenvalerato para um peixe de água doce, *T. mossambica* (Peters) (Dept of Zoo. S.V.University, Tirupati. *Ecotoxicol. Environment. Saf.* **20(1)**:117-124.

Radhaiah, V., Girija, M. e Jayantha Rao, K. 1987. Alterações em parâmetros bioquímicos seleccionados nos rins e no sangue do peixe *Tilapia mossambica* (Peters) exposto ao heptacloro. *Bull. Environ. Contam. Toxicol.* **39**:1006-1011.

Radhakrishnaiah, K e Prasad, G. 1994. Respostas hemotológicas únicas de *Oreochromis mossambicus* (Peters) à concentração subletal do inseticida ekaluk. EC. 25. *Actas da Academia Nacional de Ciências da Índia, Parte B. Ciências Biológicas.* **60 (6)**: 499-503.

Radhakrishnaiah, K e., Venkataramana, P., Suresh, A. e Slvaramakrishana, B. 1992. Effects of lethal and sublethal concentrations of copper on glycolysis in liver and muscle of freshwater teleost, *Labeo rohita* (Hamilton). *J. Environ. Biol.* **13**: 63-68.

Radhakrishnaiah, K. e Parvatheswara Rao, V. 1982. Adaptação ao stress térmico em teleósteos euritémicos de água doce, *Sarotherodon mossambicus*. 11 Consumo de oxigénio dos órgãos excisados. *Indian*. Zool. **6**:31-36.

Rafi Ahamed, M. 1987, Physiological and Biochemical Responses of Indian major carp, *Labeo rohita* subjected to phosphomidon exposure, tese de doutoramento apresentada à S.K. University Anantapur.

Rainsford, K. D. 1978. Toxicidade no cérebro de insecticidas organofosforados; Comparação da toxicidade dos metabolitos com a dos compostos originais utilizando o método de injeção intra-cerebral. *Pestic. Biochem. Physiol.* **8**: 302.

Raizada, M.N. e Singh, C.P. 1982 : observações dos valores hemotológicos de *Cirrhinus mrigala. Comp. Physiology. Ecol.* **7 (1)**: 34.

Raizada, R.B e Srivastava, M.K. 1993. Application of lethal dose (LD50) and acceptable daily intake (AD1) value in hazard assessment of pesticides. *Pestic. Infor.* **19:**6-8.

Rajamannar, K e Manohar, L. 1992. Pesticide dependent changes in the oxygen consumption of *Cirrhina mrigala. J. Ecobiol.* **4 (4)**: 287-291.

Rajamannar, K. e L. Manohar. 1998a. Sublethal toxicity of certain pesticides on carbohydrates, proteins and amino acids in *Labeo rohita* (Hamiton). *J. Ecobiol.* **10 (3)**: 185-191.

Rajamannar, K. e Manohar, L. 1998b. Effect of pesticides on oxygen consumption of fish, *Labeo rohita* (Hamilton). *J. Ecobiol* **10 (3)**: 205-208.

Rajendra Singh, M. 1991. "Neurotoxicidade dos piretróides sintéticos na barata, *Periplaneta americana,* um estudo comparativo" Dissertação de mestrado, Universidade S.V., Tirupati, Índia.

Rajyashree, M. 1996. Alterações induzidas pela carbamida em alguns aspectos metabólicos de *Labeo rohita. J. Ecotoxicol. Environ. Monit.* **6 (1)**: 41-44.

Rajyashree, M. e Neeraja, P. 1989. Actividades de aspartato e alanina amino transferase no fracionamento subcelular do tecido de peixe após exposição à ureia ambiente. *Indian. J. Fish.* **36 (1)**: 88-91.

Ramana Devi, S. 1987. Respostas fisiológicas da carpa maior, *L. rohita,* sujeita a exposição ao fosfomidon a diferentes temperaturas. Dissertação de mestrado apresentada à Universidade de S.K., Anantapur. A.P.

Ramana Rao, M.V. 1978. Estudos sobre alguns aspectos do metabolismo do caracol de água doce, *Pila globosa* (Swainson). *Geobios*, **7:** 247-250.

Ramana Rao, M.V. e Ramamurthy, R, 1983. Efeito da exposição a concentrações subletais de cloreto de mercúrio no metabolismo do azoto no caranguejo de água doce, *Oziotelphusa senex sensex* (Fab). *J. Aquatic. Biol.* **1**: 8-14.

Rambabu, J.P. e Rao, M.B.1994. Efeito dos pesticidas organoclorados e de três pesticidas organofosforados nos teores de glicose, glicogénio, lípidos e proteínas nos tecidos do caracol de água doce *Bellamya dissimilis* (Muller).*Bull.Environ.Contam.Toxicol.* **83**: 142-148.

Rao, D.M.R., Devi, A.P. e Murthy, A.S. 1981. Toxicidade e metabolismo do endosulfan e seus efeitos no consumo de oxigénio e na oxidação do azoto total do peixe *Macrognathus. Pestic. Biochem. Physiol.* **15**: 282287.

Rao, K.J., Baigh, A. Md., Radhaiah, V. e Ramamurthy, K. 1987. Pesticidal impact on freshwater teleost, *Tilapia mossambica retina. Curr. Sci.* **56 (17):** 883-885.

Rao, M.V.S. e Behere, M.K. 1973. *Curr. Sci.* **42(17):** 612.

Rao, P., Sambasiva Rao, K.R.S., Kabeer Ahmed, I e Ramana Rao, K.V. 1985. Ação combinada de carbaril e fentoato nos lípidos dos tecidos. *Ecotoxicol. Env. Saf.* **9**: 107-111.

Rao, B.N. 1995. The Indian Express Daily, Vijayawada, 7th July **p-6**.

Ravinder, V. 1988. Efeitos *in vivo* do decis em certos aspectos do metabolismo do peixe-gato de água doce, *Clarias batrachus* Tese de doutoramento, Universidade de Osmania, Hyderabad, Índia.

Ravinder, V. 1989. Efeitos in vivo do decis em certos aspectos do metabolismo do peixe-gato de água doce *Clarias batrachus* (Linn). Tese de doutoramento, Universidade de Osmania, Hyderabad. A.P.

Ravishankar, A. e Thimmaiah, A. 1995. *'Pesticides: The Million Dollar Question' Kurukshetra.* maio-junho de 1995. pp. 50-52.

Rawat. D.K., V.S. Bais e N.C. Agarwal. 2002. Fenvalerate induced macromolecular changes in the catfish, *Clarias batrachus. J. Envr. Biol.* **233(2)**: 143-146.

Rawn, G.P., Webster, G.R.B. e Muir, D.C.G. 1982. Fate of Permethrin in model outdoor ponds. *J. Environ. Sci. Health.* **B 17:** 463-486.

Ray, D.E. 1980. Uma investigação EEG da coreiatetose induzida pela decametrina no rato. *Exp. Brain. Res.* **38:**221-227.

Ray, D.E. 1982. A ação contrastante de dois piretróides (deltametrina e cismetrina) no rato. *Neurobehav. Toxicol. Teratol.* **4**: 801-804.

Ray, D.E. e Cremer, J.E. 1979. A ação da decametrina, um piretróide sintético, no rato. *Pestic. Biochem. Physiol.* **10:**333-340.

Vermelho. Field, A.C. " 1938. *Quart. Rev. Biol.* **8:**31.

Reddy, A.T.V. e Yellamma, K. 1991. Perturbações no metabolismo dos hidratos de carbono durante a toxicidade da cipermetrina no peixe *T. mossambica. Biochem. Inter.* **23**: 633-638.

Reddy, O.S. 1985. As medidas preventivas são mais benéficas do que os pesticidas. The Hindu.

24 de setembro de 1985.

Reddy, P.M. 1987. Impacto tóxico do malatião no metabolismo proteico brônquico de peixes de água doce, *Cyprinus carpio. Environ. Ecol.* **5(2)**: 368370.

Reed L.J. e Muenchi, H.1938, *J.Amer, Hyg.* **27** : 493.

Risebrough, R.W. 1986. Pesticidas e populações de aves. *Atual. Ornithology.* **3**: 397-427.

Rodricks, J e Taylor, M.R. 1983. Application of risk assessment of food safety decision decision making. *Regul. Toxicol. Pharmacol.* **3**:275-307.

Rodriguez, M.R., Ordonez, F.J., Rosety, I., Rosety, J.M. e Rosety, M. 2005. Enzimas antioxidantes eritrocitárias de gilthead como bioindicadores de alerta precoce do stress oxidativo induzido pelo malatião. *Haema.* **8(2)**:237- 240.

Sakaguchi e Hiromi, 1972. *Nippon Scisen Gokkaishi.* **38**:555.

Samabasiva Rao, K.R.S., Rao, K.B.P., Sahib, I.S.K. e Rao, K.V.R. 1981. Avaliação comparativa da toxicidade da elsan em sistemas estáticos e de fluxo contínuo com referência ao consumo e excreção de oxigénio em *Ophiocephalus punctatus. J. Fish.* **28**:254-258.

Sampath, K. Valammal, S., Kennedy I.J.J.J. e R. James. 1993. Haematological changes and their recovery in *Orcochromis mossambicus* as a function of exposure period and sublethal levels of Ekaluk. *(Ata Hydrobiologica).* **35 (1)**: 73-83.

Sampath, K., James. R. e Akbar Ali, 1998, *Indian Journal Fishery.* **45(2)**: 129 - 139.

Sampath, K., Valammal, S., Kennedy, I. e James, R. 1993. Alterações hematológicas e sua recuperação em *Oreochromis mossambicus* em função do período de exposição e dos níveis subletais de ekaluk. *Ata. Hydrobiologica.* **35 (1)**: 73-83.

Samuel, M. e Sastry, K.V. 1989. Efeito in vivo do monocrotofos no metabolismo dos hidratos de carbono do peixe-cabeça-de-cobra de água doce, *Channa punctatus. Pesticide Biochemistry and Physiology.* **31**:1-8.

Sancho, E., Ferrando, M.D., Ferrandez, C. e Andreu, E. 1998. Metabolismo energético do fígado de *Anguilla anguilla* após exposição ao fenitrotião. *Ecotoxicol. Environ. Saf.***41**:168-175.

Santos, E.A. e Nay, L.E.M. 1987. Regulação da glicose sanguínea em um caranguejo estuarino, *Chasmargnathus granulata* (Dana, 1851) exposto a diferentes salinidades *Comp. Biochem. Physiol.* **4**:1033-1035.

Sanyal, S., Agarwal, N., Sheorain, V.S., Khullar, G.K., Chakravarthi, R.N. e Subramanyam, D. 1979. *Pestic. Biochem. Physiol.* **12**:31-37.

Sathyadevan, S., Kumar, S e Tembhre, M. 1993. Atividade da AChE e cinética enzimática no cérebro da carpa comum, *Cyprinus carpio,* sujeita a exposição subletal ao dimetoato. *Biosci.*

Biotech. Biochem. **57(9)**:1566- 1567.

Saxena, K.L., Chakravarthy, R.N., Khan, A.Q., Chatopadhya e S.N. Chandra, H. 1966. Pollution studies in the river Ganges near Kanpur. *Environ. Health.* **8**:270-285.

Sayeed, I., Parvez, S., Pandey, S., Bin-Hafeez, B., Haque, R. e Raisuddin, S. 2003. Biomarcadores de stress oxidativo da exposição à deltametrina em peixes de água doce, *Channa punctatus* (Bloch). *Ecotoxicol Environ saf.* **56(2)**:295-301.

Schallek, W e Wiersma, C.A.G. 1948. A influência de várias drogas na sinapse dos crustáceos. *J. Cell. Comp. Physiol.,* **31**: 35-47

Schlenk, D. 1995. Utilização de organismos aquáticos como modelos para determinar a contribuição in vivo da mono-oxigenase contendo flaxina na biotransformação de xenobióticos. *Molecular marine biology and biotechnology* **4(4)**:323- 330.

Sellers, C.M.Jr. Health, A.G. e M.L. Bass. 1975. *Water Res.* **9:** 401-408.

Shah Nawaz. 1996. Biochemical adaptations in *Catla catla* during sublethal exposure of fenvalerate and environmental risk assessment, Ph.D. thesis, S.K.University, Anantapur.

Shakoori, A.R., Zaheer, S.A. e Ahmed, M.S. 1976. Effect of malathion, dieldrin, and endrin and blood serum proteins and free amino acid pool of *Channa punctatus* (Bloch) Pack. *J. Zool.* **8(2)**:125-134.

Sharma, R.P. Winnm, D.S. e Low, J.B. 1976. Toxic neurochemical and behavioural effects of dieldrin exposure in mallard ducks. Arch. Environ. Contam. Toxicol. **5 :** 43-53.

Sharma. S.K.1978. Estudos sobre os efeitos tóxicos de alguns pesticidas no fígado e nos rins de *Ophiocephalus punctatus* e *Heteropneustes fossilis.* Tese de doutoramento (Meerut Univ., Meerut. Índia)

Sheela, M., Mathivanan, R. e Muniandy, S. 1992. Impacto do fenvalerato no estado bioquímico de diferentes tecidos do peixe *Channa striatus. Env. Eco.* **10(3):**547-549.

Shepard, H.H. 1951. A química e a ação dos insecticidas. Mc. Graw Hill, Nova Iorque. pp. 144.

Shobha Rani, A., Sudharsan, R., T.N. Reddy, P.U.M., Reddy e T.N. Raju. 2001. Effect of arsenite on certain aspect of protein metabolism in freshwater teleost *T. mossambica. J. Env. Biol,* **22(2)**: 101-104.

Shobha Rani, A., Sudharsan, R., Reddy, T.N., Reddy, P.U.M., Raju. T.N. 2000. Efeito do arsenito de sódio nos níveis de glicose e glicogénio no peixe teleósteo de água doce, *T. mossambica. Pollu. Res.* **19(1)**:129-131.

Siddiqui, A.A. 1984. Estudos sobre a toxicidade ambiental de certos compostos organoclorados, organofosforados e carbamatos, com especial referência ao peixe de água doce, *Channa punctatus.* Tese de doutoramento, Universidade de Meerut, Meerut. Índia.

Silbergeld, E.K. 1974. Glicose no sangue: Um indicador sensível do stress ambiental em peixes. *Bull. Environ. Contam. Toxicol.* **11**:20.

Sing, D.S.P., Sircar e Dinghra, S. 1983. Status of Bihar hairy catter pillar *Diacrisia oblique* in the context of susceptibility to pyrethroid and nonpyrethroid insecticides evaluated during the last two decades. *J. Entomol. Res.* New Delhi. **9(1)**:15-18.

Singh Alaknanda. 1994. Consumo de oxigénio e taxa de ventilação em *Channa punctatus* (Bloch) exposta a níveis subletais de cloreto de mercúrio. *Env. Eco.* **12(2)**:252-255.

Singh Narendra, N., Anil, K e Srivastava, K. 1982. Efeito de uma mistura emparelhada de aldrina e fermothion no metabolismo dos hidratos de carbono num peixe, *Heteropneustes fossilis. Biol. Abstr.* **73(3)**:79-82.

Sivaprasad Rao, K. e Ramana Rao, K.V. 1979. Efeito da concentração subletal de metil paration em enzimas oxidativas seleccionadas e constituintes orgânicos nos tecidos de peixes de água doce, *T. mossambica* (Peters). *Curr. Sci.* **48**:526-528.

Sivaprasad Rao, K. e Ramana Rao, K.V. 1981. Derivados lipídicos nos tecidos do teleósteo de água doce, *Sarotherodon mossambicus* (também conhecido por *Tilapia mossambica*) (peters): Efeito do metil-prathion. *Actas da Academia Nacional de Ciências da Índia*. Vol.**47**, Parte-b No.1.

Sivaprasad Rao, K., Sambasiv Rao, K.R.S., Kowsalys, T. e Ramana, K.V. 1982. Estudo electroforético de esterases num peixe de água doce, *Tilapia mossambica,* sob toxicidade subletal de metilparatião. Apresentado no simpósio sobre respostas fisiológicas de animais a poluentes realizado em Aurangabad, Índia.

Sivaramakrishna, B., Suresh, A., Venkataramana, P. e Radhakrishnaiah, K. 1992. Alterações do metabolismo lipídico influenciadas pelo cobre nos tecidos do teleósteo de água doce *Labeo rohita. Biochem. Int.* **26**:335-342.

Skidmore, J.F. 1970. Respiração e osmoregulação na truta arco-íris com brânquias danificadas por sulfureto de zinco. *J. Exp. Biol.* **52**:481-494.

Smith, T.M., e G.W. Stratton. 1986. Efeitos dos insecticidas piretróides sintéticos em organismos não-alvo. *Residue reviews.* **97:** 95-120.

Sónia Ribeiro, J.P. Sousa, A.J.A. Nogneira e A.M.V. Soared. 2001. Efeito do endosulfan e do paratião nas reservas energéticas e nos parâmetros fisiológicos do isópode terrestre *Porcellio dilatus. Ecotoxicol. Environ. Saf.* **49**:131-138.

Southwick. 1976. *Ecologia e qualidade* do nosso ambiente. 2 Edição D. Van. C.H. Nostrand Co. Nova Iorque. p.45.

Sreedevi, P., Sivaramakrishna, B., Suresh, A., Prabhavathy, B. e Radhakrishnaiah, K. 1992. Bioacumulação de níquel em órgãos de peixes de água doce. *Cyprinus carpio* e mexilhão,

Lamellidens marginalis (Lamarck). *Chemosphere*. **24**:29-36.

Sreenivasa Rao, A e Ramamohan Rao, P. 2001. Estudo dos hidrocarbonetos aromáticos policíclicos em tecidos de peixes do lago Kolleru. *Indian. J. fish*. **48(3)**: 323-327.

Sreenivasulu Reddy, M e Ramana, R.K.V. 1989. Modificação in vivo do metabolismo lipídico em resposta à exposição ao fosfomidão, metilparatião e lindano no camarão *Metapenaes monoceros. Bull. Env. Contam. Toxicol.* **43:** 603-610.

Sridevi, G. 1992. 'In vivo changes in the carbohydrate metabolism of freshwater fish, *Labeo rohita* under cypermethrin stress'. Dissertação de mestrado, Universidade S.K., Anantapur. A.P.

Srivastava, S.K. e Kaushik, N.K. 1966. Certos aspectos da poluição e purificação no canal de Agra. *Environmental. Health*. **8**:123-133.

Staatz, C.G. Bloom, A.S. e Lech, J.J. 1982. A Pharmacological study of pyrethroid neurotoxicity in mice. *Pestic. Biochem. Physiol*. **17**:287-292.

Staatz-Benson, C.G. e Husko, M.J. 1986. Interação dos piretróides com os neurónios da coluna vertebral dos mamíferos. *Pestic. Biochem. Physiol* **25**:19-30.

Steinway, L.W., Weignd, D.A e Riefler. 1977. *Lipids*. **12**: pp.1012.

Stockner, J.G. e Autia, M.J. 1976. Adaptação do fitoplâncton ao stress ambiental causado por tóxicos, nutrientes e poluentes - um aviso. *J. Fish. Res. Bd. Can*. **33**:2086-2089.

Strakes, J.G. e Narahashi, T. 1978. Dependência da temperatura das descargas repetitivas induzidas pela aletrina nos nervos. *Pestic. Biochem. Physiol*. **9**:225230.

Subba Rao, D. 1980. Respostas fisiológicas das principais carpas *Cyprinus carpio*, *Labeo rohita* e *Cirrhinus mrigala* sujeitas a exposição ao malatião. Dissertação de mestrado, Universidade S.K., Anantapur.

Subramanyam, N.S e Sambamurthy, A.V.S.S. 2000. *Ecology*, Narasa Publishing House, New Delhi.

Sujay Kumar, G., Reddy, H.M e Reddy, S.M. 2001. O fosfomidon inclui alterações nos potenciais glicolíticos do camarão panaeídeo, *Metapanaeus monoceros. J. Acqua. Biol*. **16(1)**: 71-76.

Suresh, A., Sivaramakrishna, B., Victoriamma, P.C. e Radhakrishnaiah, K. 1991. Alterações no metabolismo das proteínas em alguns órgãos de peixes de água doce, *Cyprinus carpio*, sob stress de mercúrio. *Biochem. Int*. **24**:379-389.

Suresh, A., Sivaramakrishna, B., Victoriamma, P.C. e Radhakrishnaiah, K. 1992. Estudo comparativo sobre a inibição da atividade da acetilcolinesterase no peixe de água doce, *Cyprinus carpio,* por mercúrio e zinco. *Biochem. Int*. **24**:367-375.

Swamy, K.S., Jagannatha Rao, K.S., Satyavelu Reddyl, K., Krishna Moorthy, K., Lingamurthy, G.,

Chetty, C.S. e Indira, K. 1983. Os possíveis desvios metabólicos adaptados pelo mexilhão de água doce para contrariar os efeitos metabólicos tóxicos de pesticidas seleccionados. *Indian. J. Comp. Animal. Physiol.* **1**:95-109.

Swarup, P.A., Rao, D.M. e Murthy, A.S. 1981. Toxicidade do endosulfan para o peixe de água doce, *Cirrhina mrigala. Bull. Environ. Contam. Toxicol.* **27**:850855.

Syed Amanullah. 1992. Estudos sobre a energia de *Oreochromis mossambicus* submetido à toxicidade do malatião a diferentes temperaturas ambiente. Tese de doutoramento, Universidade de S.K., Anantapur, A.P.

Tewari, H., Gill, T.S. e Pant, J. 1987. Impact of chronic lead poisoning on the haemotological and biochemical profiles of fish, *Barbus conchonius* (H). *Bull. Environ. Contam. Toxicol.* **38**:748-752.

Thacker, J.R.M. e Jespson, P.C. 1993. Pesticide risk assessment and nontarget invertebrates integrating population deletion population recovery and experimental design. *Bull. Environ. Contam. Toxicol.* **51**:523-531.

The Hindu, jornal diário, 24 de setembro de 1985.

Thebault, J.J., Bost. J. e Foulhoux, P. 1985. Intoxicação experimental por deltametrina no cão e recolha do seu tratamento. *Med. Leg. Toxicol. Med.* **131:** 47-62 (em francês).

Thurberg, F.P., Calabrese, A, e Dawson, M.A. 1974. Effects of silver on oxygen consumption of bivalves at various salinities *In: Pollution* and *Physiology of marine organisms* Ed: Vernberg F. J. Vernberg, W.B., pp.67-68. Academic. Press. Nova Iorque.

Tilak, K.S., K. Veeraiah e S. Khansi Lakshmi. 2002. Estudos de algumas alterações bioquímicas nos tecidos de *Catla catla* (Hamilton), *Labeo rohita* (Hamilton) e *Cirrhinus mrigala* (Hamilton) expostos a NH3-N, NO2-N e NO3-N. *J. Environ. Biol.* **23(4)**:377-381.

Tripathi, G., Harsh, S e Verma, P. 2002. Fenvalerate induced macronuclear changes in the catfish, *Clarias batrachus. J. Env. Biol.* **23(2)**:143-146.

Tripathi. A.K. e Pandey. S.N. 1990. Water pollution, Ashish Pulishing House, pp. 1-5.

Umminger, B.L. 1970. Estudos fisiológicos sobre o peixe morto super-resfriado, *Fundulus heteroclitus*. III. Metabolismo dos hidratos de carbono e sobrevivência a temperaturas abaixo de zero. *J. Exp. Zool.* **173**:159-174.

Umminger, B.L. 1971a. Papel osmorregulador da glicose no peixe morto adaptado à água doce, *Fundulus heteroclitus,* a temperaturas próximas do congelamento. *Comp. Biochem. Physiol.*, **38A**:141-145.

Umminger, B.L. 1971b. Patterns in osmoregulation in freshwater fishes, at temperature near freezing. *Physiol. Zool.* **44**:20-27.

Umminger, B.L. 1975. Adaptações de resistência a baixas temperaturas no peixe-morto, *Fundulus heteroclitus. In: Physiological Ecology of Estuarine Organisms (Ecologia Fisiológica de Organismos Estuarinos).* (Ed.) *F.J. Vernberg, University* of South Carolina Press. pp.59-71.

Umminger, B.L. 1977. Relação entre as concentrações de açúcar no sangue total em vertebrados e a taxa metabólica padrão. *Comp.Biochem. Physiol.* **56A**:457- 460.

USEPA, Agência de Proteção Ambiental dos Estados Unidos. 1989. Toxic chemical release inventory risk. Guia de rastreio (Versão 1.0) volume 1 D-2. O processo. EPA 560/2-89-002. Jaly USEPA office of toxic substances. Washington, D.C.20460.

Vangestel, C.A.M. Otermass, K., e Canton, J.H. 1985. Relação entre a solubilidade em água e os coeficientes de partição octonol/água e a bioconcentração de químicos orgânicos em peixes: *uma revisão. Regu. Toxicol. Pharmacol.* **5:**422-431.

Vanstralen, N.M. Schobben, J.H.M. e Trass, T.p. 1992. The uses ecological risk assessment in deriving maximum acceptable half lives of pesticides. *Pestic. Sci.* **34**:231.

Vasilos, A.E., Demitrinko, V.D e Todoroe. 1976. *Zdravookharanenine* **19**:43.

Veeraiah, K. e Durga Prasad, M.K. 1998. Estudo sobre os efeitos tóxicos da cipermetrina (Técnica) nos constituintes orgânicos do peixe de água doce, *Labeo rohita* (Hamilton) *Proc. Acad. Environ. Bid.* **7(2)**:143-148.

Verma, S.R., Saritha Rani, Tonk, I.P. e Dalela, R.C. 1983. Disfunção induzida por pesticidas no metabolismo dos hidratos de carbono em três peixes de água doce. *Water. Res.* **32**:127-133.

Vernberg, F.J. Calabrese, A., Thurberg, F.P e Vernberg, W.B. 1978. *Physiological responses of marine biota to pollutants*. Academic Press. Inc. Nova Iorque.

Vernberg, W.B. e Vernberg, F.J. 1972. Poluição e fisiologia de organismos marinhos. *Peixes. Bull.* **70**:415-420.

Verschoyle, R.D. e Aldridge, W.N. 1980. Relação estrutura-atividade de alguns piretróides em ratos. *Arch. Toxicol.* **45:** 325-329.

Verschoyle, R.D., e Barnes, J.M. 1974. Toxicidade de piretrinas naturais e sintéticas para ratos. *Pestic. Biochem.* **2:**308.

Vijayamohan, Nair, G.A. 2000. Impacto dos efluentes da fábrica de dióxido de titânio na composição bioquímica dos peixes de água doce *O. mossambicus e Etroplus maculatus. Polln. Res.* **19(1)**:67-71.

Vijayaram, K., Geraldine, P., Varadarajan, T.S., John, G. e Loganathan, P. 1989. Cadmium induced changes in the biochemistry of an air breathing fish, *Anabas scandens. J. Ecobiol.* **1**:245-251.

Vijverberg, H.P.M. e Vanden Bercken, J. 1988. Efeitos neurotoxicológicos e modo de ação dos insecticidas piretróides. *Crit. Rec. Toxicol.*, **21(2)**:105-125.

Vijverberg, H.P.M. e De Weille, J.R. 1985. A interação de piretróides com canais de Na dependentes de voltagem. *Neurotoxicologia* **6**:23-24.

Vijverberg, H.P.M., Ruiht, G.S.F. e Van den Bercken, J. 1982. Efeitos relacionados com a estrutura dos insecticidas piretróides nos órgãos dos sentidos da linha lateral e nos nervos periféricos da rã com garras. *Xenopus laevis Pestic Biochem. Physiol.* **18**:315-324.

Virupakshi, C. 1993. Efeito da cipermetrina no metabolismo dos hidratos de carbono do caracol *Pila globosa*. Dissertação de mestrado, Universidade S.K., Anantapur. A.P.

Waarde, A.V. 1981. Nitrogen metabolism in *Goldfish, Carassius auratus* L. Activities of transamination retentions purine nucleotide cycle and glutamate dehydrogenase in gold fish tissues. *Comp. Biochem. Physiol.* **68B**:407-413.

Wasserman, D., Wasserman, M. e Lazorovici, S. 1970. Efeito da adrenalectomia no armazenamento de insecticidas organoclorados. *Bull. Environ. Contam. Toxicol.* **5**:373-378.

West I. 1964. Pesticides contaminants. *Arch. Env. Health.* **9**:626.

Wester, P.W. e Canton. 1987. Estudo histopatológico de P. reticulata após exposição prolongada a TBTO, DBTC. *J. Aq. Tox.* Vol: **10** (1989).

OMS, 1972. Health hazards of the human environment (Riscos para a saúde do ambiente humano). *Organização Mundial de Saúde*, Genebra.

Winston, G.W. 1991. Oxidantes e antioxidantes em animais aquáticos, uma pequena revisão. *Comp. Biochem. Physiol.* **100**:173-176.

Wright, C.D.P., Forshaw, P.J. e Ray, D.E. 1988. Classificação das acções de dez insecticidas piretróides no rato, utilizando o reflexo trigeminal e o músculo esquelético como sistema de teste. *Pestic. Biochem. Physiol.* **30:** 79.

Yamamoto, I., Kimmel, E.C., e Casida, J.E. 1969. Oxidative metabolism of pyrethroids in house files. *J. Agr. Food Chem.* **17:** 127.

Young, U.R. 1970. In: *Mammalia protein* metabolism (H.N.Mumo Ed.) Academic Press. **4**:485, Nova Iorque.

Zaccone, G., Acomo, S., Fasulo, P. e Licata, A. 1989. Effects of chronic exposure to endosulfan on carbohydrates and enzyme activities in gill and epidermal tissues of cat fish, *H. fossilis. Eur. Arch. Biol.* **100(2)**:171-186.

Zitko, V., Carson, W.G. e Metalfe, C.D. 1977. Toxicidade dos piretróides em juvenis de salmão do Atlântico. *Bull. Environ. Contam. Toxicol.* **18:** 35-41.

Zitko, V., McIntyre, A.D. e Mills, C.F. 1975. Potenciais produtos químicos orgânicos industriais persistentes para além dos PCB. In: *Ecological Toxicology Research*. Plenum Press, Nova Iorque. p.197.

Printed by Books on Demand GmbH, Norderstedt / Germany